福島原発事故はなぜ起こったか
政府事故調核心解説

Hatamura Yotaro × *Abe Seiji* × *Fuchigami Masao*
畑村洋太郎×安部誠治×淵上正朗

講談社

はじめに

　2011年3月11日の東北地方太平洋沖地震と併発した津波により、東京電力福島第一原子力発電所（福島第一原発）にて未曾有の事故が発生して、すでに2年が過ぎた。関係者の懸命の努力により、原発は冷温停止の状態にあるとはいえ、住む場所を奪われた16万人余の避難住民、除染の問題など、いまだ事態の収束の目途は立たない。

　事故後の2011年5月24日、政府は閣議決定で「東京電力福島原子力発電所における事故調査・検証委員会」（政府事故調）の設置を決めた。その目的は、福島第一原発及び福島第二原子力発電所（福島第二原発）における「事故の原因及び当該事故による被害の原因を究明するための調査・検証を、国民の目線に立って開かれた中立的な立場から多角的に行い、もって当該事故による被害の拡大防止及び同種事故の再発防止等に関する政策提言を行うこと」であった。そして当時の菅直人内閣総理大臣が、本書の筆者である畑村洋太郎を委員長として指名した。

　また、本書の筆者である安部誠治と淵上正朗は、政府事故調の技術顧問として畑村に指名され、その任に当たった。

　政府事故調は、2011年6月7日の第1回委員会以降、福島第一原発及び福島第二原発をはじめとする現地の視察、関係地方自治体の首長及び住民、関係者からのヒアリング（対象者772名）などを行い、11年12月26日に「中間報告」を、12年7月23日に「最終報告」をまとめ、福島での説明会実施などの後、12年9月28日の閣議決定により解散された。

　政府事故調の「中間・最終報告」（www.cas.go.jp/jp/seisaku/icanps）には起こった事実についての調査結果が極めて正確に記されている。しかし、2冊の報告書は合計して1500ページに及び、冊子の厚さは8cmにもなる。これだけ膨大な報告書を一般の人が読み切ることは非

常に難しく、その結果調査によって何が明らかになったのかを理解することは到底できない。報告書に記載された事実は、たとえば言えば、畑の中に埋まっていたじゃがいもやごぼうが掘り起こされて八百屋の店先に並べられたようなものである。じゃがいもやごぼうは調理しなければおいしく食べることができない。食べられなければ、味わえない。素材が与えられただけでは理解できないのである。理解できなければこれだけ膨大な犠牲を払った事故から何も学ぶことができない。

　2011年6月に政府事故調が発足したとき、畑村は委員長方針として福島原発事故で何が起こったか、それを知識としてみんなが獲得できるようにすることを目的とすると述べた。言い換えると、国民の疑問や世界の疑問に答えることを目標としたのである。しかし、政府事故調では主に時間的制約と、臨時的に作られた組織上の制約から、それが十分できたとは思えない。これをそのまま放置することは本来の役割を果たしたことにならないと考えた。

　そこで本書では、事故調が発表した内容を基本に、筆者たちの見解を加え、この大事故から何を学ぶのかを、特に原子力発電や放射性物質に専門知識のない一般読者にもわかりやすく伝えることを目指した。

　本書に先立ち、2012年12月に淵上と畑村らは福島原発事故の物理的事象、言い換えれば事故の技術的側面を解説する『福島原発で何が起こったか——政府事故調技術解説』（笠原直人との共著、日刊工業新聞社）を出版した。本書はそれに続くもので、事故の社会的な側面を明らかにするため、どのような制度の下で原子力発電所が運用され、東京電力（東電）、政府、自治体が事故に際してどのような行動をとったのか、事故はなぜ起こり、被害が拡大したのはなぜか、それらから何を学ぶのかを明らかにする。また、さらに進んで、"放射能"への恐怖心、避難、除染などをどう考えるか、また再稼働を含め原発の今後を

どう考えるかについて、筆者らの考えを述べる。

　具体的には、第1章で原子力安全・災害対策の制度や政府・東電がこれをどのような仕組みで運用していたのか、第2章でその結果、事故で発電所内部では何が起こったか、第3章で日本の原子力発電の運用にはどのような問題があったのか、規制上の問題は何か、第4章で政府や東電はどこでどう誤ったのか、第5章では原子力発電所外部で何が起こったのか、第6章で福島原発事故の教訓をどう生かすかについて述べる。

　なお、執筆に当たり、第1、3、4章は主に安部、第2章は主に淵上、第5、6章は主に畑村が担当した。

　また、本文中の人物の肩書、組織の名称はいずれも当時のものである。

　本書が原子力発電をどう考えればよいかと迷っている人たちに何らかの示唆を与え、様々な事故や災害に取り組もうとしている人たちに福島原発事故で得られた教訓を伝えることができることを筆者らは願っている。また、いまだに避難を余儀なくされている人たちの不安を少しでも和らげるのに役に立てば何よりである。

畑村洋太郎

目次

はじめに 3

第1章　東日本大震災と福島第一原発事故 9

1　未曾有の原子力災害の発生 10
2　福島第一原発の概要 13
3　東北地方太平洋沖地震と津波の来襲 18
4　原子力安全・災害対策の制度と仕組み 24
5　政府事故調の設置と活動 32

第2章　福島第一原発で起こったこと 35

1　原子力発電所の主要設備 36
2　津波襲来から電源喪失までの経緯 43
3　全電源喪失後の1号機の状況 51
4　交流電源喪失後の3号機の状況 61
5　全電源喪失後の2号機の状況 67
6　4号機の状況 73
7　事故は避けられたのか 75

第3章　政府と地方自治体の失敗 83

1　事前対策の不備 84
2　政府の緊急時対応の問題点 97
3　地方自治体の緊急時対応の不備 105
4　失敗から学ぶ 109

第4章　東京電力の失敗と安全文化　111

1　過酷事故対策・アクシデントマネジメントの欠陥　112
2　東京電力の津波評価　117
3　東京電力の事故対処の問題点　120
4　東京電力の組織的問題　128

第5章　なぜ被害が拡大したか　137

1　発電所周辺住民の避難　139
2　放射能の正しい理解の必要性　152
3　放射線の人体への影響　154
4　起こった現象を理解する　160
5　なぜ被害が拡大したか　163
6　避難がもたらすもの　165
7　除染は可能か　167

第6章　福島事故の教訓をどう生かすか　173

1　事故に学ぶ　174
2　委員長所感　179
3　避難・帰還と除染をどう考えるか　192
4　再稼働をどう考えるか　196
5　国民一人ひとりが考えなければならないこと　201

おわりに　203
参考文献・資料　207

第1章

東日本大震災と福島第一原発事故

1　未曾有の原子力災害の発生

　2011年３月11日の東北地方太平洋沖地震と併発した津波の来襲により、東京電力福島第一原子力発電所（福島第一原発）の外部電源、ならびに備えられていたほぼすべての内部電源が失われてしまった。そのため、原子炉及び使用済み燃料プールが冷却不能となり、INES（国際原子力事象評価尺度）レベル７の「重大事故」（Major accident）が発生した。また、福島第二原子力発電所（福島第二原発）でも、レベル３の「深刻なインシデント」（Serious incident）が発生した。

　1979年の米国のスリーマイル島事故（レベル５）や86年のソ連（当時）のチェルノブイリ事故（レベル７）などの事故が、いずれも原子炉単基の事故であったのに対し、福島第一原発の場合は３基の原子炉において損傷が同時に発生したという点で、世界の原子力発電史上はじめての重大な事故であった。これにより、発電所周辺の多数の住民が避難を余儀なくされることとなった。その数は、地震・津波によるものを含めピーク時には、県内他所へ避難した者が９万人以上、県外へ避難した者が６万数千人に達した。

　福島第一原発事故の深刻さは、福島県における「震災関連死」の多さにも表れている。直接、地震や津波によって死亡したのではないが、それらによる負傷の悪化などにより亡くなった者で、「災害弔慰金の支給等に関する法律」に基づき弔慰金の支給対象となった者を「震災関連死の死者」という。2012年11月２日、復興庁は、東日本大震災における震災関連死の死者数を2303人（12年９月30日現在）と発表した。その内訳を見ると、最も多いのが福島県の1121人で、以下、宮城県812人、岩手県323人、茨城県37人と続いている。表１－１が示すように、東日本大震災の死者・行方不明者の総数と対比した震災関連死者数は、宮城県や岩手県に比べて福島県のそれが際立っている。

(人)

	死者数	行方不明者数	震災関連死者数
福島県	1,606	211	1,121
宮城県	9,536	1,302	812
岩手県	4,673	1,151	323
茨城県	24	1	37
その他	67	4	10
合計	15,906	2,669	2,303

(注)「その他」は残りの都道府県全体の数字。死者・行方不明者数は2013年3月11日現在。震災関連死者数は2012年9月30日現在。

表1－1　東日本大震災の被害者

(出所) 警察庁、復興庁

　福島県における震災関連死の状況を、市町村別にさらに詳細に見てみると、次ページ表1－2のとおりである。富岡町、浪江町、双葉町、楢葉町、大熊町など福島第一原発に近接する地方自治体で、直接死を大きく上回る多数の震災関連死が発生している。この原発事故が地域住民にいかに大きな負担を強いたかが見て取れる。

　化石燃料のほとんどを海外に依存している我が国では、エネルギー安全保障の観点や温室効果ガスであるCO_2の排出量削減などの問題に対処するために、1970年代以降、原子力発電の積極的導入が図られてきた。その結果、我が国は今日、米国、フランスに次ぐ50基を超える世界第3位となる数の原子炉を有し、電源別発電電力量に占める原子力の割合も約3割（事故前）となる原子力発電大国に成長するに至った。こうした中で起こったのが福島第一原発事故であった。

　福島第一原発事故は、大規模な原子力災害が、空間的にも時間的に

(人)

	死者数				人口(2010年10月1日現在)
	直接死	関連死	死亡届等	死者数計	
福島市	6	7	0	13	292,590
須賀川市	9	1	0	10	79,267
白河市	12	0	0	12	64,704
西郷村	3	0	0	3	19,767
相馬市	439	21	19	479	37,817
◎南相馬市	525	388	111	1,024	70,878
○田村市	0	1	0	1	40,422
○広野町	2	27	0	29	5,418
◎楢葉町	11	74	2	87	7,700
◎富岡町	18	130	5	153	16,001
◎川内村	0	49	0	49	2,820
◎大熊町	11	72	0	83	11,515
◎双葉町	17	80	3	100	6,932
◎浪江町	149	229	33	411	20,905
○葛尾村	0	16	1	17	1,531
新地町	100	6	10	116	8,224
○飯舘村	1	39	0	40	6,209
○いわき市	293	111	37	441	342,249
その他	3	9	0	12	994,115
合　計	1,599	1,260	221	3,080	2,029,064

(原注) 死亡届等＝明確に死亡が確認できる遺体が見つかっていないが、死亡届等が出されている者。
(注)「その他」とは福島県下の残りの市町村の全体。◎は福島第一原発から20km以内の警戒区域内の自治体、○は30km以内の自治体。集計日時が異なることなどから死者数は表1－1の数値とは一致しない。

表1－2　福島県における人的被害

(出所) 福島県災害対策本部「平成23年東北地方太平洋沖地震による被害状況即報（第851報）」2013年1月29日現在。
市町村人口は福島県企画調整部統計分析課『福島県統計年鑑2012』

もいかに深刻な被害を社会にもたらすものであるかを、改めて人々に強く認識させるものとなった。以下、本章では、第2章以下で行われる当事故の分析・検証作業の前提となる基本的事項、すなわち福島第一原発の概要、東北地方太平洋沖地震・津波の状況、原子力安全規制に係る法体系、国の原子力災害対策の仕組みと構造などについて述べる。

2　福島第一原発の概要

東京電力と原子力発電

東京電力（東電）は、首都圏を含む関東一円に電力を供給する、我が国最大の電力会社である。その販売電力量は、日本全体の約3分の1に当たる2934億kWh（2010年度）で、イタリア一国のそれに匹敵するとされるほどである。

2010年度時点での東電の発電設備（認可出力）の構成は、火力が59.5％、原子力が26.6％、水力が13.8％、その他が0.1％であった。同年度の我が国の一般電気事業者10社の全体を見てみると、火力は60.2％、原子力は22.4％、水力は17.1％、その他が0.3％であったので、10社の中で東電は水力の割合がやや低く、一方、原子力の割合がやや高い事

発電所名	所在地	1号機運転開始年	原子炉数	認可出力
福島第一	福島県双葉郡	1971年	6（BWR）	469.6万kW
福島第二	福島県双葉郡	1982年	4（BWR）	440万kW
柏崎刈羽	新潟県柏崎市、刈羽郡	1985年	5（BWR） 2（ABWR）	821.2万kW

（注）BWR：沸騰水型軽水炉、ABWR：改良型沸騰水型軽水炉　2011年3月11日時点

表1-3　東電の運転中の原子力発電所

原子力規制委員会ホームページ資料より作成

業者であるということができる（ただし、実際の発電電力量では東電の原子力依存度は28％、一般電気事業者10社全体のそれは33％となる）。

東電は、2011年３月の原発事故発生時点で、表１－３のとおり、福島県に所在する福島第一原発及び福島第二原発、新潟県に所在する柏崎刈羽の３つの原子力発電所を運転中であった。この他、2011年１月から青森県下北郡に、東通（ひがしどおり）原子力発電所（改良型沸騰水型軽水炉２基、認可出力277万kW）を建設中だった。

福島第一原発の原子炉施設

福島第一原発は、福島県双葉郡大熊町及び双葉町に立地する発電所で、運転中の東京電力の３つの原子力発電所の中で最も建設時期が古い。2011年３月の事故発生時、発電所内には表１－４のとおり、６基の沸騰水型軽水炉（ＢＷＲ）が設置されていた。そのうち最も古い１号機の建設が始まったのは1967年で、営業運転が始まったのが71年である。また、最も新しい６号機の営業運転が始まったのは79年のことである。

	１号機	２号機	３号機	４号機	５号機	６号機
設置許可	1969年	1968年	1970年	1972年	1971年	1972年
着工	1967年	1969年	1970年	1972年	1971年	1973年
営業運転開始	1971年	1974年	1976年	1978年	1978年	1979年
出力（万kW）	46	78.4	78.4	78.4	78.4	110
格納容器型式 国産化率（％）	MARK I 56	MARK I 53	MARK I 91	MARK I 91	MARK I 93	MARK II 63
主契約者	ＧＥ	ＧＥ 東芝	東芝	日立	東芝	ＧＥ 東芝
装荷燃料（本）	400	548	548	548	548	764

表１－４　福島第一原発の原子炉

（出所）東京電力「数表でみる東京電力」64頁

ちなみに、我が国の原子力発電所の2011年3月時点における状況は図1－1のとおりであった。

```
実用発電用原子炉
●計画段階    12基   1,655.2万kW
▲建設段階     2基     275.6万kW
■運転段階    54基   4,884.7万kW
×廃止段階     3基     154.6万kW
  計        71基   6,970.1万kW
研究開発段階炉
△建設段階     1基      28.0万kW
×廃止段階     1基      16.5万kW
  計         2基      44.5万kW
```

■PWR（加圧水型炉）
　APWR（改良型加圧水型炉）
■BWR（沸騰水型炉）
□ABWR（改良型沸騰水型炉）

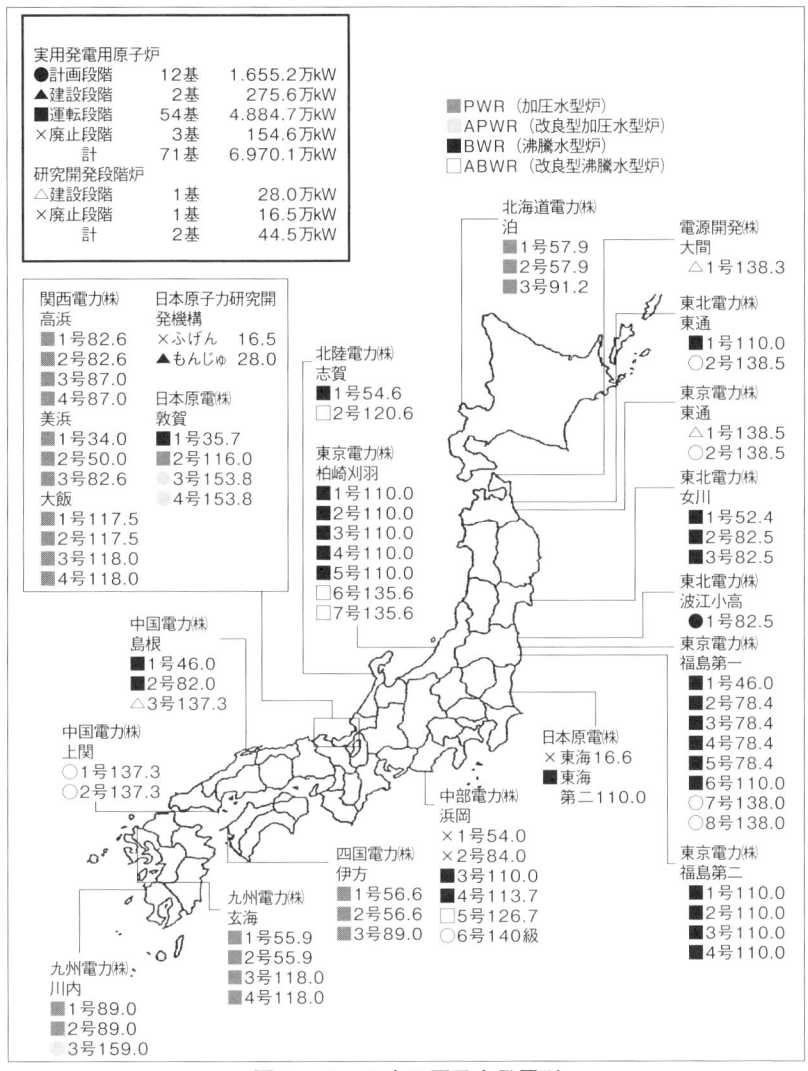

北海道電力㈱
泊
■1号57.9
■2号57.9
■3号91.2

電源開発㈱
大間
△1号138.3

東北電力㈱
東通
■1号110.0
○2号138.5

東京電力㈱
東通
△1号138.5
○2号138.5

東北電力㈱
女川
■1号52.4
■2号82.5
■3号82.5

東北電力㈱
浪江小高
●1号82.5

東京電力㈱
福島第一
■1号46.0
■2号78.4
■3号78.4
■4号78.4
■5号78.4
■6号110.0
○7号138.0
○8号138.0

東京電力㈱
福島第二
■1号110.0
■2号110.0
■3号110.0
■4号110.0

日本原電㈱
×東海16.6
■東海第二110.0

中部電力㈱
浜岡
×1号54.0
×2号84.0
■3号110.0
■4号113.7
□5号126.7
○6号140級

北陸電力㈱
志賀
■1号54.6
□2号120.6

東京電力㈱
柏崎刈羽
■1号110.0
■2号110.0
■3号110.0
■4号110.0
■5号110.0
□6号135.6
□7号135.6

関西電力㈱
高浜
■1号82.6
■2号82.6
■3号87.0
■4号87.0
美浜
■1号34.0
■2号50.0
■3号82.6
大飯
■1号117.5
■2号117.5
■3号118.0
■4号118.0

日本原子力研究開発機構
×ふげん 16.5
▲もんじゅ 28.0

日本原電㈱
敦賀
■1号35.7
■2号116.0
■3号153.8
■4号153.8

中国電力㈱
島根
■1号46.0
■2号82.0
△3号137.3

中国電力㈱
上関
○1号137.3
○2号137.3

四国電力㈱
伊方
■1号56.6
■2号56.6
■3号89.0

九州電力㈱
玄海
■1号55.9
■2号55.9
■3号118.0
■4号118.0

九州電力㈱
川内
■1号89.0
■2号89.0
○3号159.0

図1－1　日本の原子力発電所

（出所）資源エネルギー庁

第1章　東日本大震災と福島第一原発事故　15

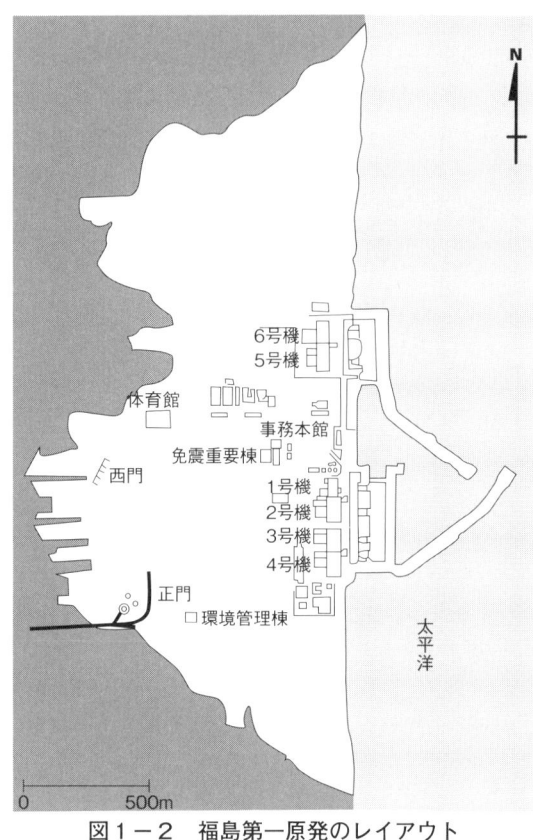

今回の事故を受けて、福島第一原発の6つの原子炉のうち、1号機から4号機までの原子炉は2012年4月19日に廃止となった。したがって、本稿執筆時点での福島第一原発の残存する原子炉は、5号機ならびに6号機の2基ということになる。

福島第一原発の諸施設のレイアウトは、図1－2のとおりである。同図が示すように、発電所の東側が太平洋に面し、6基ある原子炉のうち、1号機から4号機までは大熊町に、5号機及び6号機は双葉町に設置されている。

原子炉配置の位置関係を見ておくと、1号機から4号機は北から南へ向かって順番に、また、5号機と6号機は南から北

図1－2　福島第一原発のレイアウト
（出所）東京電力

へ向かって5号機、6号機の順に配置されている。2011年3月の時点で、以上の6基の原子炉の認可出力の合計は469万6000kWであった。これは、日本にある17ヵ所の原子力発電所のうちで、第3位にランクされる規模のものであった。

各号機（プラント）は、原子炉建屋、タービン建屋、コントロール建屋、サービス建屋、放射性廃棄物処理建屋などから構成されている。建屋の中には、隣接プラントと共用となっているものもある。これらを配した発電所全体の敷地面積は、阪神甲子園球場のおよそ90倍

の約350万m^2（約110万坪）と広大で、その形状は海岸線に長軸をもつ半楕円状である。

発電所の運営体制

　事故発生時点での福島第一原発に所属する東電の社員は約1100人、このほかにプラントメーカーの社員や、メンテナンス業務、防火、警備等を担当する協力企業と呼ばれている下請け会社の従業員など約2000人が常駐していた。このように、福島第一原発の運営は、膨大な数の下請け従業員の存在を前提に成り立っていた。

　福島第一原発の通常時の運営体制は次のとおりであった。

　すなわち、発電所長の下に、ユニット所長2人、副所長3人が配され、さらにその下に総務部、防災安全部、広報部、品質・安全部、技術総括部、第一運転管理部、第二運転管理部、第一保全部及び第二保全部の各部が置かれていた。

　原子炉施設の運転は、当直が担当していた。当直はいずれも東電の社員であり、第一及び第二運転管理部長の下で、それぞれ1号機及び2号機、3号機及び4号機、5号機及び6号機の各担当に分かれて配置されていた。

　各担当は、班を基本に編成されており、1つの班は原則として、当直長1人、当直副長1人、当直主任2人、当直副主任1人、主機操作員2人及び補機操作員4人の合計11人で構成されていた。こうして編成された班が交代制勤務をとることにより、24時間体制で原子炉施設が運転・管理されていた。

　3月11日の事故発生当時、4号機、5号機、6号機が定期検査中であったため、通常時よりも増員されて約6400名（うち東電社員は750名）が発電所内で働いていた。そのうちの約2400名は、放射線管理区域での作業に従事していた。

緊急時の態勢

　福島第一原発では、原子力災害対策の基本法である「原子力災害対策特別措置法」（原災法）に基づき原子力事業者防災業務計画を定めている。それによれば、同法第10条の特定事象の通報を行った場合には第1次緊急時態勢が、また、同法第15条の特定事象の報告を行った場合、または原子力緊急事態宣言が発出される事態に至った場合には、第2次緊急時態勢が発令される。そして、緊急時対策本部が設置され、事故原因の除去、原子力災害の拡大の阻止、その他の必要な活動を迅速かつ円滑に行うこととなっている。

　緊急時対策本部は、情報班、通報班、広報班、技術班、保安班、復旧班、発電班、資材班、厚生班、医療班、総務班及び警備誘導班から構成され、それぞれの役割に応じて原子力災害に対応する防災体制が確立される。また、発電所の対策本部長は、後述する緊急事態応急対策拠点施設（オフサイトセンター）に派遣した社員（原子力防災要員）と連絡を密に取り、原子力災害合同対策協議会から発電所に対して要請された事項に対応するとともに、原子力災害合同対策協議会に対して必要な意見を進言する、とされている。

　なお、緊急時の原子炉施設の運転は、発電班に組み込まれた当直が担い、その体制は通常運転時と同様である。

3　東北地方太平洋沖地震と津波の来襲

東北地方太平洋沖地震

　2011年3月11日14時46分、三陸沖（牡鹿半島の東南東約130km付近）の深さ24kmを震源とする国内観測史上最大規模の巨大地震が発生した。この地震により、宮城県栗原市が「震度7」に見舞われたほか、東北地方の太平洋側の各地で「震度6強」の強い揺れが観測された。

気象庁は、この地震を「平成23年（2011年）東北地方太平洋沖地震」と命名し、また政府は、2011年4月1日の閣議了解により、この地震によって発生した災害を「東日本大震災」と呼称することとした。

津波の来襲

　東北地方太平洋沖地震が引き起こした津波は、北海道から沖縄県にかけて広い範囲で観測されたが、とくに東北地方から関東地方北部の太平洋岸一帯が大津波に襲われた。すなわち、気象庁の検潮所で観測された波の高さは、岩手県の宮古や大船渡で8mを超え、福島県相馬では9.3m以上、宮城県石巻市鮎川でも8.6m以上に達していた。

　国土地理院によれば、津波による浸水範囲面積は、青森、岩手、宮城、福島、茨城、千葉の6県62市町村で合計561km^{2}に達したとされる。これは、JR東日本・山手線の内側面積（63km^2）の約9倍に相当する広さである。特に宮城（浸水面積327km^2）及び福島（同112km^2）両県の被害が甚大であった（国土地理院「津波による浸水範囲の面積〈概略値〉について〈第5報〉」）。

　この地震と津波によって、多数の人命が失われた。1都1道10県で1万5882人が死亡し、これに加えて岩手、宮城、福島を中心に6県で2668人の行方不明者が発生した（警察庁調べ、2013年3月11日現在）。

　ちなみに、1995年の阪神・淡路大震災の死者は6434人で、行方不明者は最終的に3名だった（2006年5月19日消防庁確定）。同大震災は、神戸市を中心とする阪神地区の人口密集地を襲った都市型地震であり、死者は主として建物の倒壊によって発生した。そのため、行方不明者は少なかった。今回2600人以上の行方不明者が発生したのは、津波災害の特異性によるものであったといえよう。

　ところで、原子力発電はヒートシンク（最終的な熱の逃がし場）を必要とするため、我が国では、すべての原子力発電所が海岸に隣接して

設置されている。2011年3月時点で東北地方の太平洋岸には、東通（東北電力）、女川（東北電力）、福島第一（東京電力）、福島第二（東京電力）、東海第二（日本原子力発電）の5つの稼働中の原子力発電所があった。3月11日の津波は、福島第一原発のみならず、残りの4つの原子力発電所をも襲った。以下、その状況を見ておこう。

まず、東通については、津波が観測されたが、それは岸壁の天端（上端）高さ（T.P.＋2.6m）を超えなかったことから、ほとんど被害は発生しなかった。次に、女川には設置許可時の想定津波高さ9.1mを上回る約13mの津波が来襲したが、女川の主要施設は、安全を考慮して敷地高さ13.8m（地震による沈下後）に建設されていたことで、重大な被害は発生しなかった。

また、福島第一原発の南約10kmに位置する福島第二原発では、取水ポンプなどがある海側の敷地が浸水した。しかし、第一原発より2m高い場所にあった法面（盛り土の斜面）を越水しなかったことから、原子炉建屋は被水を免れ、幸いにもINESレベル3の事象が発生したに止まった。

最後に、東海第二にも、遡上高6.3m程度の津波が到達したが、主要建屋には到達せず、深刻な被害は発生しなかった。こうした中で、後で詳述するが、事前の津波対策や過酷事故（シビアアクシデント）対策が十分ではなかった福島第一では、重大な事故が発生することとなった。

地震発生直前の運転状況

福島第一原発には、すでに述べたとおり、6つの原子炉が設置されていた。それら6つの原子炉の地震発生直前の状況を見ておこう。

1号機は、「定格電気出力一定運転」を行っていた。定格電気出力一定運転とは、原子炉電気出力を、年間を通じて発電可能な値である定格電気出力に保つ運転方法のことをいう。原子炉に隣接する、使用

した核燃料を一時保管する使用済み燃料プールの水位は満水で、水温は25℃であった。

2号機ならびに3号機は、「定格熱出力一定運転」を行っていた。定格熱出力一定運転とは、原子炉熱出力を原子炉設置許可基準で認められた最大値である定格熱出力に保つ運転のことをいう。隣接する2つの使用済み燃料プールの水位はいずれも満水で、水温は2号機のプールが26℃、また3号機のプールが25℃であった。

4号機は、2010年11月30日から定期検査中であった。定期検査とは、電気事業法に基づき、設備・機器の健全性の確認、機能の維持、信頼性の向上を図るために約1年に1回のペースで行われる検査のことをいう。そのため、全燃料が圧力容器から取り出され、使用済み燃料プールへ移されていた。使用済み燃料プールの水位は満水で、水温は27℃であった。

5号機も、2011年1月3日から定期検査に入っていた。ただし、耐圧漏洩試験を実施中であったため燃料は原子炉に入れられており、制御棒もすべて挿入された状態にあった。また、使用済み燃料プールの水位は満水で、水温は24℃であった。

6号機も、同様に2010年8月14日から定期点検中であったが、原子炉には燃料が入れられ、制御棒もすべて挿入された冷温停止状態にあった。使用済み燃料プールの水位は満水で、水温は25℃であった。

福島第一原発における地震動

東北地方太平洋沖地震に際し、福島第一原発が立地する大熊町及び双葉町において観測された最高震度は「震度6強」であった。さらに、3月11日以降も、両町は断続的に「震度5弱」程度の余震に見舞われた。「震度6強」は、10階級の震度階級のうち、強い方から2番目の震度である。両町で「震度6強」が観測されたということは、この地域を極めて強い地震動が襲ったことを示している。

ちなみに、気象庁は、「震度6強」の事象として次のような例を挙げている。
・はわないと動くことができない。飛ばされることもある。
・固定していない家具のほとんどが移動し、倒れるものが多くなる。
・耐震性の低い木造建物は、傾くものや、倒れるものが多くなる。
・大きな地割れが生じたり、大規模な地すべりや山体の崩壊が発生することがある。

　福島第一原発では、敷地地盤、各号機の原子炉建屋やタービン建屋など53ヵ所に地震計を設置し、地震動の観測を行っていた。これらの地震計により得られた観測記録のうち、各号機の原子炉建屋基礎版上で記録された最大加速度値は、表1-5のとおりであった。これによれば、2号機、3号機及び5号機において、東西方向の最大加速度が基準地震動（Ss）に対する最大応答加速度値を上回っていた（下線部）。

観測点（原子炉建屋基礎版上）	観測記録 最大加速度値（ガル）			基準地振動Ssに対する最大応答加速度値（ガル）		
	南北方向	東西方向	上下方向	南北方向	東西方向	上下方向
1号機	460	447	258	487	489	412
2号機	348	<u>550</u>	302	441	<u>438</u>	420
3号機	322	<u>507</u>	231	449	<u>441</u>	429
4号機	281	319	200	447	445	422
5号機	311	<u>548</u>	256	452	<u>452</u>	427
6号機	298	444	244	445	448	415

　表1-5　福島第一原発における観測記録と基準地震動（Ss）に対する最大応答加速度値

（原出所）東京電力「福島原子力事故調査報告書　添付資料3-2」
（出所）政府事故調「中間報告書」

福島第一原発に来襲した津波

　地震に伴う津波の第１波が福島第一原発を襲ったのは３月11日の15時27分頃である。続いて第２波は、15時35分頃に到達し、その後も断続的に津波が来襲した。これらのうち、福島第一原発に決定的な打撃を与えたのは第２波の津波である。これにより、第一原発の海側エリアや主要建屋設置エリアのほぼ全域が浸水した。その状況を概括的に見ておくと次のとおりである。

　１号機〜４号機の主要建屋設置エリアの浸水高は、O.P.＋約11.5mから＋15.5mであった。O.P.とは小名浜港（福島県いわき市）工事基準面のことをいうが、同エリアの敷地高はO.P.＋10mであることから、浸水深（地表面からの浸水の高さ）は、浅いところで1.5m、深いところでは5.5mに達していた。また、同エリアの南西部では、局所的にO.P.＋16〜17mに達したところもあった。福島第一原発のサイト内において、津波の浸水を最も受けたのがこのエリアであった。

　一方、１号機〜４号機とは別のブロックに設置されている５号機及び６号機の主要建屋設置エリアの浸水高は、O.P.＋約13mから＋14.5mであった。同エリアの敷地高は、O.P.＋13mであることから、浸水深は1.5m以下であった。１号機〜４号機の設置エリアとほぼ同程度の高さの津波に襲われているにもかかわらず、５号機ならびに６号機が冷温停止に成功した要因の一つは、主要施設が相対的に高い場所に設置されていたことにあったからといえよう。

　原子力施設の安全確保は、「止める」「冷やす」「閉じ込める」の３つを大原則としている。東北地方太平洋沖地震と大津波に見舞われた福島第一原発では、「止める」機能は地震発生直後の原子炉緊急停止（スクラム）により達成されたものとみられる。

　しかし、地震動による損傷又は津波による被水で発電所内の電源関連設備が機能を喪失したために、「冷やす」機能が損なわれた。このため、３基の原子炉が損傷し、放射性物質が周囲の環境へ飛散してし

まうという事態に立ち至った。換言すれば、「閉じ込める」ことに失敗してしまった。この過程の詳細、すなわち津波の到達以降、福島第一原発でどのように事態が進展し、過酷事故の発生に繋がっていったのかは、第2章で検証される。

4　原子力安全・災害対策の制度と仕組み

原子力安全に関する法令

　原子力施設は、事故やトラブルが起こると、放射性物質が飛散し、人間や環境に著しい負の影響を及ぼす場合があることから、その安全の確保は法令により厳しく規制されている。原子力安全に関する我が国の法体系を整理すると、次のとおりである。

　まず、最も上位にあるのは、1956年に施行された「原子力基本法」である。同法は、原子力の研究、開発及び利用に関する基本的理念を定めた、文字通り原子力利用に関する基本法である。そして、この下に57年施行の「核原料物質、核燃料物質及び原子炉の規制に関する法律」や58年施行の「放射性同位元素等による放射線障害の防止に関する法律」、2000年施行の「特定放射性廃棄物の最終処分に関する法律」などの諸法が整備されている。また、電気事業を規制する根拠法である64年制定の「電気事業法」においても、電気工作物の観点から原子炉施設に対する規制の原則が定められている。

　これらの一連の法律は、「核原料物質、核燃料物質及び原子炉の規制に関する法律施行令」や「放射性同位元素等による放射線障害の防止に関する法律施行令」などの政令、「実用発電用原子炉の設置、運転等に関する規則」や「使用済燃料の貯蔵の事業に関する規則」などの省令によって補完されている。

　また、2012年9月に廃止された原子力安全委員会は、規制当局である原子力安全・保安院（保安院）が実施する安全審査のレビューを行

う際に用いる指針類を策定しており、それらの指針類も安全規制に用いられていた。

原子力安全に関わる政府機関

　我が国では原子力利用について、発電用原子炉は経済産業大臣が、また、原子力の研究開発や利用、放射線対策は文部科学大臣が所管している。こうした枠組のなか、発電用原子炉施設の安全規制を行う特別の機関として、経済産業省資源エネルギー庁のもとに設置されていたのが原子力安全・保安院（保安院）である。

　保安院は、2001年の中央省庁の再編成の際に、科学技術庁原子力安全局や通商産業省環境立地局の高圧ガス、都市ガス、液化石油ガス、火薬類、鉱山の保安に関する事務、さらには資源エネルギー庁の所掌する電気工作物、都市ガス、熱供給の保安に関する事務を引き継いで発足した組織である。したがって、原子力だけでなく、ガスや鉱山、火薬類の安全規制も所掌する機関であった。さらに、保安院は、原子力の安全規制に加え、原子力災害発生時には原子力災害対策本部の事務局担当として、災害対応の中心的役割を果たすことが期待されていた組織でもあった。

　しかし、福島原発事故への対応過程において、保安院は与えられた役割を適切に果たすことができず、その組織的限界が露わとなった。また、同時に、それまでの規制活動についても多くの疑念が呈された。そのため、2012年9月19日に廃止されることとなり、その業務は環境省の外局である新設の原子力規制委員会（2012年9月19日設置）に引き継がれた。

　保安院に加えて、原子力の安全規制に関係する公的機関として2003年に設立された独立行政法人が原子力安全基盤機構（JNES）である。JNESは、保安院の技術支援組織として原子力施設の検査を同院と分担して実施していたほか、同院が行う原子力施設の安全審査や

安全規制基準の整備に関する技術的支援などを行う組織であった。2012年4月現在、その役職員数は423名で、廃止された保安院の本院職員数に匹敵する規模を有している。ＪＮＥＳは、今回の原子力安全規制関係機関の原子力規制委員会への再編過程では、見直しの対象とはならず存続している。

　なお、事業者に対する直接的な規制機関ではないが、原子力の安全に関わる組織として挙げておく必要があるのが、原子力安全委員会である。原子力安全委員会は、「原子力基本法」や「原子力委員会及び原子力安全委員会設置法」などを設置根拠に、原子力の安全確保体制を強化するため、旧原子力委員会の機能のうち安全規制を独立して担当する組織として1978年に誕生した。

　原子力の安全規制は、前述したように、原子力安全・保安院（保安院）や文部科学省などの行政機関が行っているが、原子力安全委員会は、これらから独立した中立的な立場で、国による安全規制についての基本的な考え方を企画・審議・決定するとともに、原子炉設置認可申請などにおける二次審査（いわゆるダブルチェック）や規制調査を行うなど、行政機関ならびに事業者を監視・監査・指導する役割を担っていた。

　このため、内閣総理大臣を通じた関係行政機関への勧告権を有するなどの権限を持っていた。また、原子炉施設や核燃料物質の加工・再処理施設などの安全性、施設の耐震安全性、放射線防護、放射性廃棄物の処理・処分など多岐の分野にわたって基本的な考え方をとりまとめ、文書、報告書、安全審査指針などの形で公表してきた。

　しかし原子力安全委員会も、保安院と同様に福島原発事故発生を契機に、その機能的限界が明らかとなったことで、2012年9月19日に廃止され、その業務は原子力規制委員会へ引き継がれた。

原子力災害対策の法体系

　我が国の原子力災害対策は、1961年制定の「災害対策基本法」及び99年制定の「原子力災害対策特別措置法」（原災法）をベースに展開されている。

　まず、「災害対策基本法」について見てみると、同法は内閣総理大臣をトップとする中央防災会議が防災基本計画を、そして各都道府県防災会議が都道府県地域防災計画を、さらに各市町村も地域防災計画を策定することを義務付けており、それらの計画の中に原子力災害対策が盛り込まれている。すなわち、防災基本計画ならびに地域防災計画において、「一般災害対策編」「震災対策編」「事故対策編」などとならんで「原子力災害対策編」が策定されている。これは、原子力災害対策の基本となるものとされ、そこには原子力災害の発生及び拡大を防止し、原子力災害の復旧を図るために必要な対策などが記されている。

　以上のことは、原子力災害対策に関して、中央防災会議が具体的に原子力災害への対応を行うことを意味していない。原子力災害への対応は各都道府県が第一義的に行うというのが災害対策基本法の趣旨であり、中央防災会議が具体的に関与していたのは原子力発電所新設の議論のみであった。

　したがって、今回の原子力災害対応においても、福島県の役割が決定的に重要であったが、第3章で後述するように、県の対応は必ずしも十分なものではなかった。

　その教訓から、福島県は事故後、「地域防災計画・原子力災害対策編」の大幅な見直しに着手した。そして2012年11月には、その第1段階として、新しい地域防災計画が公表された。改定された地域防災計画では、福島第一原発の現状を踏まえて、廃止措置が決定された原子炉施設及び運転を停止している原子炉施設における防災対策であることが明確にされたほか、これまで複合災害への備えがまったくなされ

ていなかったことを教訓に、県本部事務局に「原子力班」を設置することや、プラント状況把握、モニタリング機能の一元化などの新しい施策が盛り込まれた。福島県では、2013年度以降も、避難基準の設定や重点区域の本格設定など更なる防災計画の見直しを推進していくとしている。

　次に、原災法について見てみよう。

　我が国では長い間、原子力災害が発生した場合、前述の「災害対策基本法」をベースに対処が行われていたが、1999年の茨城県東海村のJCO核燃料加工施設における臨界事故を契機に原災法が制定された。これ以降、原子力災害への対応は、同法を基本に行われるようになり、原子力災害対策の仕組みはそれ以前と比べて大きく変更された。

　本文40条と附則からなる原災法は、原子力災害の予防に関する原子力事業者の義務、原子力緊急事態宣言の発出、原子力災害対策本部の設置、緊急事態応急対策の実施など、原子力災害への対応の基本を定めた法律である。その目的は、原子力災害に対する対策の強化を図ることで、原子力災害から国民の生命、身体、財産を保護することにある。

　なお、原子力災害危機管理関係省庁会議は、「原子力災害対策マニュアル」(原災マニュアル)を作成している。原災マニュアルは、原災法および「防災基本計画・原子力災害対策編」に定められている事項を具体化したもので、原子力災害が発生した場合に関係省庁が連携して一体的な災害対策活動が展開できるよう、必要な具体的要領を取りまとめたものである。

原災法の構造

　前述したとおり、原災法は、我が国において原子力災害が発生した際に、それへの対処の基本を定めた法律である。同法は、福島原発事故後、2012年6月に大幅改正されているが、ここでは改正以前の原災

実施主体	条文	実施事項
国・経済産業省	第10条第1項	通報の受信
	第10条第2項	専門的知識を有する職員の派遣
	第15条第1項	原子力安全・保安院による指示案及び公示案の提出
	第15条第2項	内閣総理大臣による原子力緊急事態宣言の発出
	第15条第3項	内閣総理大臣による避難勧告、立退きの指示
	第16条第1項	内閣府に原子力災害対策本部を設置
	第17条第9項	原子力災害現地対策本部の設置
	第20条第3項	各機関への支援指示
	第23条	原子力災害合同対策協議会の設置
	第26条	緊急事態応急対策の実施
	第27条	原子力災害事後対策の実施
地方公共団体	第10条第1項	通報の受信
	第10条第2項	専門的知識を有する職員の派遣要請
	第22条	都道府県及び市町村災害対策本部の設置
	第23条	原子力災害合同対策協議会の設置
	第26条	緊急事態応急対策の実施
	第27条	原子力災害事後対策の実施
	第28条	避難の指示、災害派遣の要請
原子力事業者	第10条第1項	国、地方公共団体への通報
	第25条	原子力災害の拡大防止のための応急措置の実施
	第26条	緊急事態応急対策の実施
	第27条	原子力災害事後対策の実施
	第28条	指定公共機関の応急対策等の実施、被害状況の報告

(注) 2012年6月改正以前の旧規定。

表1−6　原子力災害対策特別措置法が定める主な緊急時対応

法を前提に論を進める。

　原災法では原子力災害への主たる対処主体として、以下の3つが挙げられている。1つ目は、内閣府、経済産業省や原子力安全・保安院などの国の機関である。次に、発電所が所在する地元自治体である。そして、3つ目に、発電所や事業所などの運営者である原子力事業者である。

　これら3つの主体別に原災法が定める主な緊急時対応を、各条文に沿って抜き出すと表1－6のとおりとなる。緊急時対応において、国の役割が重要であることはいうまでもないが、地元自治体にも大きな役割が与えられていることがわかる。

　ところで、原災法が原子力災害対策の中核組織として想定していたのは、内閣総理大臣が設置する原子力災害対策本部（原災本部）である。そこで、発災から原災本部設置までの流れを原災法に沿ってまとめると、以下のとおりである。

　まず、第10条第1項は、原子力事業所の区域境界付近において政令で定める基準以上の放射線量（1時間当たり$5\mu Sv$〔マイクロシーベルト〕）が検出された場合、原子力防災管理者は直ちに、その旨を主務大臣、所在都道府県知事、所在市町村長並びに関係周辺都道府県知事に通報しなければならないと定めている（いわゆる第10条通報）。

　次に、第15条第1項は、同上区域において1時間当たり$500\mu Sv$以上の放射性物質が検出された場合や、原子炉の運転を中性子吸収材の注入によっても停止することできない状況などが発生した場合には、主務大臣は直ちに内閣総理大臣に対して必要な情報の報告を行うとともに、内閣総理大臣が行う公示・指示の案を提出しなければならない、としている。そして、報告及び提出を受けた内閣総理大臣は、原子力緊急事態宣言を発出し（第15条第2項）、続いて臨時に内閣府に原災本部を設置すると定められている（第16条第1項）。

原災法が定める緊急時対応の仕組み

　前述したとおり、原災法第16条第1項は、内閣総理大臣が原子力緊急事態宣言を発したときは、内閣府に原災本部を設置する旨を定めている。同本部の本部長は内閣総理大臣、副本部長は主務大臣がそれぞれ務め、そのメンバーは内閣総理大臣が任命する国務大臣、内閣危機管理監、指定行政機関の長らによって構成される（第17条第1、4、6項）。

　次に、原災法第17条第9項は、緊急事態応急対策実施区域に原災対策本部の事務の一部を行う組織として、原子力災害現地対策本部（現地対策本部）を置くとしている。また、同法第22条では、緊急事態応急対策実施区域を管轄する各都道府県や各市町村も、必要に応じて都道府県災害対策本部や市町村災害対策本部を設置するとしている。加えて、都道府県災害対策本部及び市町村災害対策本部は、原子力緊急事態に関する情報を交換し、それぞれが実施する緊急事態応急対策について相互に協力するため、原子力災害合同対策協議会を組織する、とされている（第23条）。

　さらに、原災法第12条第1項は、原子力災害発生時に情報収集活動の拠点として、緊急事態応急対策拠点施設（オフサイトセンター）の設置を国に義務付けている。同法施行規則によれば、オフサイトセンターの設置場所は、原子力事業所から20km未満のところとされており、福島第一原発のオフサイトセンターは、福島第二原発との共通施設として第一原発から約5km、第二原発から約12kmの距離にある福島県双葉郡大熊町に設置されていた。前述の国の現地対策本部（同法第17条第9項）や原子力災害合同対策協議会（第23条第4項）が設置されることになっていたのが、このオフサイトセンターであった。

　実は、以上の点が、原災法の最も大きな特徴であると言ってよい。すなわち、原子力災害が発生した際には、国と地方自治体が緊密な連携を保ちながら緊急時対応ができるよう、現地のオフサイトセンター

を拠点に、原子力災害現地対策本部及び原子力災害合同対策協議会を組織して対処するとされていたのである。こうした緊急時対応の仕組みが、今回の福島原発事故の対応において有効に機能したか否かは、第3章で検証する。

特に、オフサイトセンターは、JCO臨界事故を教訓に、災害対応は発生個所に近接した場所で実施されることでより実効性が高まるとの判断から設置されたもので、今回もそうした役割を果たすことが期待されていた。しかし、第3章で後述するように、その役割をほとんど果たすことはできなかった。

5　政府事故調の設置と活動

原子力の事故調査と政府事故調

　人的被害を伴う事故は、人間社会に大きな悲しみや痛みを生じさせる。また、今回の原発事故のような場合には、環境、地域の産業や経済にも深刻なダメージを与える。社会が事故によるそうした損害を被(こうむ)らないようにするには、事故の防止ないし再発防止のための対策を社会全体で推進していくことが必要不可欠となる。そのための有効な方策が、すでに起こった事故の原因を分析し、そこから同種の事故の再発防止や別種の事故の発生防止に役立つ知見と教訓を得るための事故調査である。

　航空や鉄道などの運輸事故の分野では、すでに多くの国で事故調査を専門的に行う政府機関が設置され、事故調査活動が続けられている。我が国でも、運輸安全委員会という常設の事故調査機関が存在する。同委員会は、1974年に設置された航空事故調査委員会（2001年から航空・鉄道事故調査委員会）を継承して2008年に発足した組織で、航空、鉄道、船舶の事故調査を所管している。同種の組織として、たとえばスウェーデンには事故調査庁（SHK）が存在する。SHKのユ

ニークな点は、単に運輸事故の調査を行っているだけでなく、火災や地滑り、そして原子力発電所の事故調査をも所管している点にある。

しかし、スウェーデンのような、常設の事故調査機関が原発事故調査を行うケースは世界に類例がない。一般には、原発を有する国で事故が起こった場合、政府などにより臨時に調査委員会が設置され事故調査が行われる。今回の我が国のケースでも、政府の下に畑村洋太郎を委員長とする政府事故調が、そして国会の下に東京電力福島原子力発電所事故調査委員会（黒川清委員長）がそれぞれ臨時に設置され、事故調査を行った。

政府事故調が明らかにしたこと

政府事故調が公表した「中間報告」及び「最終報告」の要点をまとめると、以下のとおりである。

福島第一原発の事故原因は、直接的には地震・津波という自然現象に起因するものである。しかし、事故が極めて深刻かつ大規模なものとなった背景には、事前の事故防止対策・防災対策、事故発生後の発電所における現場対処、発電所外における被害拡大防止策について様々な問題点が複合的に存在していた。たとえば、①東京電力や原子力安全・保安院等の事前の過酷事故対策が不十分であったこと、②津波リスクを過小評価し、津波対策が不十分であったこと、③原子力災害が複合災害として発生することが想定されておらず、それへの備えに不備があったこと、④大量の放射性物質が発電所外へ飛散することを想定した防災対策が欠如していたこと、⑤事故発生直後の東京電力の現場対処に不手際があったこと、⑥政府や地方自治体の発電所外における被害拡大防止策に欠陥があったこと、⑦政府の危機管理態勢に弱点があったこと、などである。

そして、何よりも、東京電力を含む電力事業者も国も、我が国の原子力発電所では炉心溶融のような深刻な過酷事故は起こり得ないとい

う安全神話に囚われていたがゆえに、危機を身近で起こり得る現実のものと捉えられなくなっていたことに根源的な問題があった。

　以上のように、政府事故調は、1年余りの調査・検証活動を通して、福島原発事故の事故原因の事実関係の大枠については、ほぼ解明・検証をした。しかし、一方で、原子炉周辺の放射線量が極めて高いために、原子炉施設の中に立ち入っての調査が不可能であったこと、また、時間的・態勢的制約の下での活動であったことから、①主要施設（原子炉）の損傷が生じた箇所、②その程度、時間的経緯をはじめとする被害状況の詳細、③放射性物質の漏出経緯、④住民等の健康への影響、⑤農畜水産物等や空気・土壌・水等の汚染の実態などについては十分に解明することはできていない。このように、政府事故調の事故調査・検証は課題も残している。

　以下、本書では、政府事故調の報告書で解明された基本的事実を前提に、その後の筆者らの知見を加えて、福島原発事故の分析と検証を行う。

図1－3　政府事故調による福島第一原発現地調査
　　　　（2011年6月17日）

第2章

福島第一原発で起こったこと

本章は、政府事故調報告書の中の、現場での事故対処部分を取りあげたもので、言葉遣いや表現に多少の違いはあっても報告書の内容と一致している。また、先に挙げた『福島原発で何が起こったか——政府事故調技術解説』からの抜粋でもあり、より詳しく知りたい読者は、こちらを参照いただけると幸いである。

1　原子力発電所の主要設備

原子力発電所とは

　原子力発電所はウラン燃料に中性子を当てて核分裂させ、その時に発生する核分裂エネルギーによる熱を発電に利用する。ウラン燃料は原子炉圧力容器の中で発熱し、容器内の水を蒸発させる。発生した蒸気は、配管により蒸気タービンに送られ発電に利用される。福島第一原発の原子炉は沸騰水型軽水炉（BWR）とよばれる、最も普及している2つのタイプの中の一つである。日本では沸騰水型のほうがやや数が多いが、世界的には加圧水型（PWR）とよばれるもう一つのタイプのほうが多い。

　原子炉のある原子炉建屋は、地上5階、地下1階の構造物で、高さは地上約45mある。その中には、圧力容器、格納容器および使用済み燃料プールなどがある。また、非常用冷却設備の多くはこの建物の地下1階に配置されている。タービン建屋には、タービン発電機や主復水器が配置されている。その地下1階には、非常用ディーゼル発電機（D／G：Diesel Generator）の多くが配置されている（図2－1）。またタービン建屋の地下1階と地上1階には、ほとんどの配電盤が配置されており、それらが津波で浸水したことが、事故が深刻化する直接の原因となった。

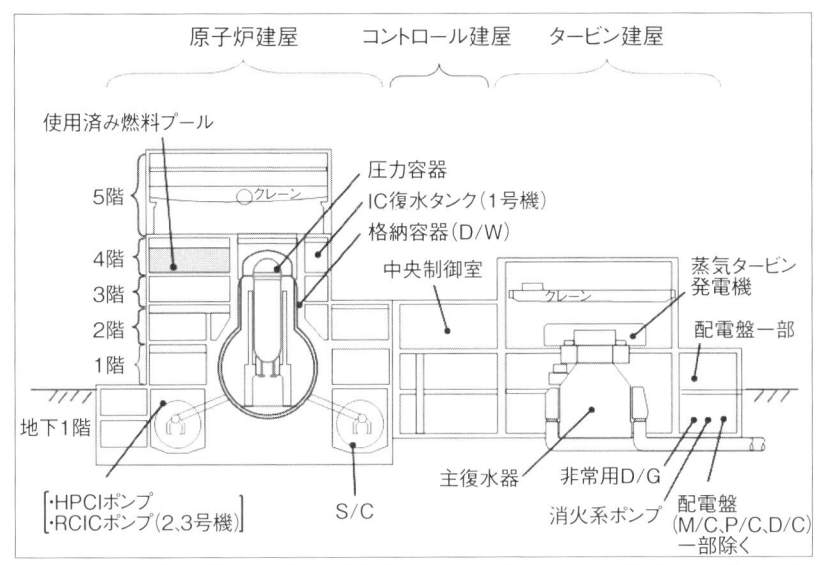

図2-1 原子炉建屋・タービン建屋 断面図

(注) 上図では、引き出し線で主要設備の設置場所を示しているが、それらは、どの階にあるかを示しているだけであり、それ以上の意味はない。

原子炉

　原子炉は、高さ約20mの「圧力容器」と、その外側の高さ約34mの「格納容器」から成り立っている。圧力容器は、厚さ約160mmもある鋼鉄製の頑丈な容器で、その内部で燃料の核分裂によって高温高圧の水蒸気を発生させている。格納容器は、厚さ約30mmの鋼鉄製の大型の容器で、放射性物質を外部に漏らさないための"最後の砦"的な役割を担う重要設備である。

　格納容器は、「ドライウェル」（D／W）と呼ばれるフラスコ型の容器と、「サプレッションチャンバー」（S／C）と呼ばれるドーナツ型の容器から成り立っている。両者は、「ベント管」と呼ばれる8本の太い管で連通していて、大きな圧力差は生じないように設計されている。ドライウェルという名称は、S／Cと違い、水が入っていないこ

とによる。Ｓ／Ｃは、格納容器下部のドーナツ型の容器で、3000t近い大量の水を蓄えている。配管破断などの事故時や、「逃がし安全弁」（ＳＲ弁）が開いて高温の蒸気が入ってきた時、蒸気をこの水で冷やし液体の水に戻すことで、格納容器全体の圧力上昇が抑えられる。このため、圧力抑制室とも呼ばれる。非常用冷却装置の水源としても機能する。他に、ウェットウェル、トーラスなどと、いろいろな名称で呼ばれている。

逃がし安全弁（ＳＲ弁、Safety Relief弁）は、圧力容器の圧力が許容値を超えた場合に作動する減圧用の安全弁である。1基の原子炉に8個（1号機では4個）設置されており、中央制御室からの操作で意図的に開けることができる逃がし弁と、バネ力に抗して自動的に開く安全弁の機能を併せ持っている。

冷却設備

第1章でも触れているように、原発の安全確保は「止める」「冷やす」「閉じ込める」の3つが大原則である。そのため「冷やす」機能を果たす炉心冷却設備は、原子炉停止時や事故時に最も重要な役割を担う。これらはさまざまな状況に対応できるよう多くの種類がある（図2－2）。そして冷却を行うべき状況の中には、「発電中の通常運転」から、炉心損傷に至る「過酷事故」までの多くの段階がある。

①発電時の冷却

原子炉から出た高温高圧の水蒸気は、タービンを回した後、主復水器と呼ばれる装置（復水器：蒸気が冷却され液体の水に戻ることから、そう呼ばれている）で冷やされ、液体の水となって原子炉に戻る。通常運転中の原子炉では、核分裂により大量の熱が発生している。その熱の約3分の1は電気に変換されるが、3分の2は冷却除去するため、この主復水器には大きな冷却能力が要求される。熱交換器で除去された熱

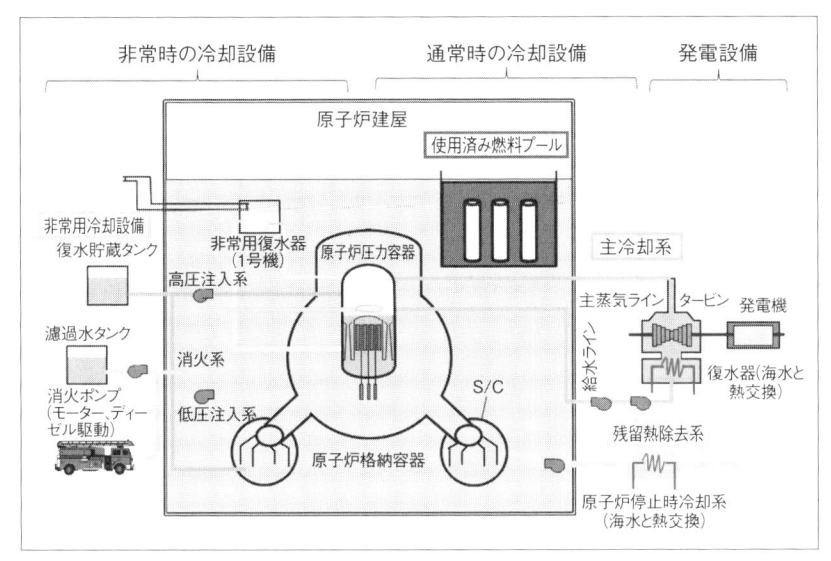

図2−2　原子炉冷却系の全体図（1号機の例）

は海水に捨てられる。

②通常停止時の冷却（非常停止〔スクラム〕時もほぼ同じ）

　定期点検のための通常停止や、地震などの理由で原子炉が緊急停止した時、核分裂は停止することになるが、崩壊熱は発生し続ける。しかし、外部電源を喪失した場合などには、主復水器に行く蒸気のラインは自動的に閉じられる（原子炉と、主復水器を含む発電設備が切り離されるので、「隔離」という）。その結果、原子炉は熱の捨て場を失うこととなるので、主復水器より容量の小さい「残留熱除去系」と呼ばれるシステムが作動し、原子炉を冷却することになる。

③何らかの事故時の冷却

　今回の事故のように、残留熱除去系等が働かなくなる場合や、LOCA（Loss Of Coolant Accident、原子力関係者が「非常時」という時には、

ほとんどこのLOCAを想定している）と呼ばれる配管の破断等で発生する緊急事態に備えて、多くの「非常用炉心冷却系」が準備されている。その中には、電源が必要なものや、今回の事故のように全電源を喪失しても作動できるもの、圧力容器が通常運転時と同じ約７MPa*（約70気圧）の高圧でも注入できる高圧系や、１MPa以下でなければ注入できない低圧系など、多くの種類があり、「多様性」を持たせてある。

> ＊１MPa（メガパスカル）は約10.2気圧、または10.2kgf/cm^2。また、原子力発電所では、圧力値は通常２種類の方法で表示されている。すなわち、圧力容器内の圧力は、大気圧との差（ゲージ圧）で表示される。したがって、大気圧と同じであれば「０MPa」である。一方、ドライウェル（D／W）圧力やサプレッションチャンバー（S／C）圧力は、絶対圧力値で表示される。したがって、大気圧と同じであれば約「0.1MPa」である。しかし、本書では、混乱を避けるため、以下すべての圧力値を日常生活で使い慣れている大気圧との差「ゲージ圧」で記述することとする。

今回の事故にも関係する代表的な非常用炉心冷却系について説明しておこう。

「ＩＣ」（Isolation Condenser、非常用復水器）は、１号機のみに使用されている、原子炉隔離時冷却系の一種。通常運転時の７MPa程度の高圧でも圧力容器に注水でき、また動力を必要とせず自然循環で冷却できる。復水器タンクに給水すれば、長時間の運転が可能。ただし、今回の事故では、回路の遮断弁がフェールセーフ（機械や設備で、何か問題が発生した時に自動的に「安全サイド」に動作するように工夫しておく設計の考え方）機能でほぼ閉じてしまい、全電源喪失後ではほとんど機能しなかった。

「ＲＣＩＣ」（Reactor Core Isolation Cooling system）は、原子炉隔離時冷却系の一種。１号機のＩＣの代わりに、２〜６号機に設置されている。高圧でも注水でき、原子炉の蒸気でポンプを駆動するので交流電源喪失下でも作動する。８時間程度の運転時間を想定しており、今回の事故でも、２および３号機では重要な役割を果たした。ただし、起

動操作や制御には直流電源が必要であるが、直流電源を失った2号機では制御不能のまま3日間近く作動し続けた。

「HPCI」(High Pressure Coolant Injection system) は高圧注水系として、全号機に設備されている非常用冷却システムである。圧力容器が高圧状態でも注水でき、RCICと同じく圧力容器で発生している蒸気で駆動される。時間当たりの注水量も大きく、LOCAなどの重大事故対応における"切り札"的な設備である。今回の事故では、3号機でのみ稼働した。

ベント設備

「ベント」とは、ventirationの略で過酷事故が起こり格納容器の圧力が高まった時に、格納容器の爆発的破壊を防ぐために、蒸気を外部に放出することである。ベントをするためには、「A／O弁」と呼ばれる圧縮空気（エア）で開けられる弁、「M／O弁」と呼ばれる電動弁、およびラプチャーディスクの3つがすべて開く必要がある。ラプチャーディスクは、不用意に放射性物質が外部に漏れないように設置されている安全弁のような働きをする蓋で、格納容器の設計圧力（約0.45MPa）以下では開かない。今回のような過酷事故時には、ベント操作の障害になりうるという問題もあり、米国では廃止されている。

ベントには、図2－3に示すように、ドライウ

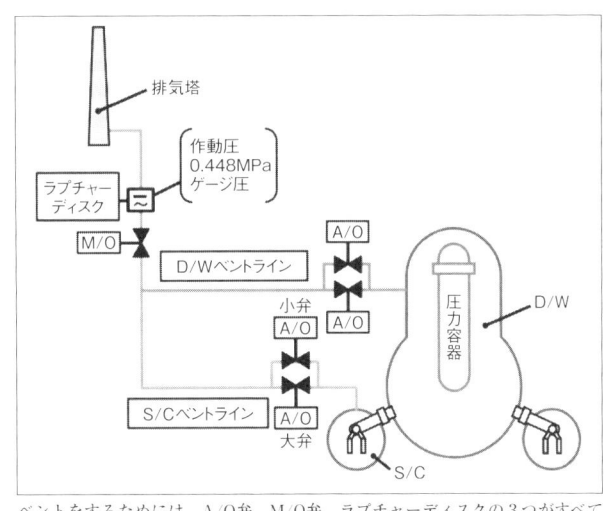

ベントをするためには、A/O弁、M/O弁、ラプチャーディスクの3つがすべて開く必要がある。

図2－3　ベント回路図（1号機の例）

ェル（D／W）から放出するルートと、サプレッションチャンバー（S／C）からのものとの2ルートがある。S／Cからのベントでは、S／C内の水を通過する際に放射性物質はおよそ99％が濾過されるが、D／Wからではそのまま大気中へ放出されてしまう。したがって、S／Cベントが優先され、D／Wベントは「非常中の非常時」にしか行わない。今回の事故では、1および3号機でS／Cベントが実際に行われた。2号機ではS／Cベントが不調のため、3月14日夜にはやむを得ずD／Wベントも試みられたが、結局どちらも不成功であったとみられている。

　M／O弁には、手動ハンドルが付属しているが、A／O弁には、1号機の小弁を除きハンドルは付いていない。手動で開けられないことが、事故が深刻化する重要な要因の一つともなった。

電源設備
　原子力発電所内は、発電システムを動かすための電力に通常運転中は自ら発電した電力を使用する。だが発電が止まった時には、外部電源を使用する。外部電源も喪失した時には、非常用ディーゼル発電機に頼ることになる。
　また、図2－4に示すように、電力は配電盤を経由して利用されるので、外部電源や非常用発電機が生きていても、配電盤が機能しなくなると結局電源は喪失してしまう。
　配電盤にはM／C（Metal-Clad Switch Gear、メタクラ、高圧配電盤）と、P／C（Power Center、パワーセンター、低圧配電盤）の2種類がある。
　M／Cは、6900Vの高圧電源用・金属閉鎖配電盤で、海水ポンプや復水ポンプなどの大型設備を直接駆動するとともに、P／Cに電力を供給している。電源システムの中ではこのM／Cがすべての要となっており、今回の事故では、津波による浸水によって、それらの機能が喪失したことが最も決定的な原因であった。

P／Cは、480Vの低圧交流電源用配電盤である。M／Cからの電力を480Vに電圧を落として配電している。発電所内の多くの設備は、このP／Cで駆動されている。

　直流電源は設備の監視や操作に不可欠で、通常は交流がP／Cで直流に変換され配電される。今回の事故では3号機を除く1、2、4号機で直流電源を喪失したことが、事故への対応に"致命的"な悪影響を及ぼした。

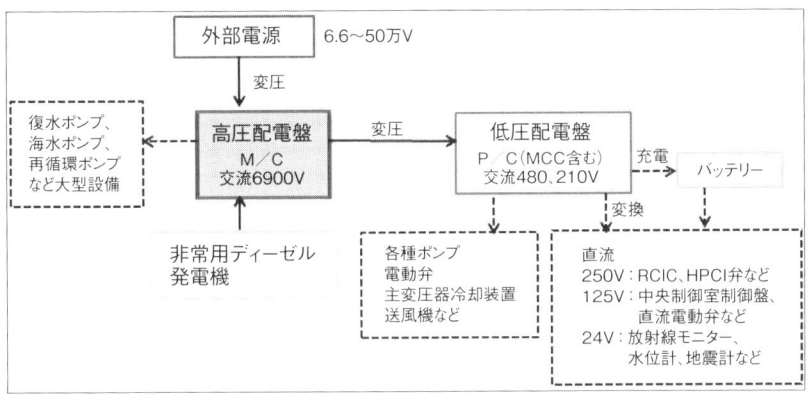

(注) M／C、P/Cには、それぞれ常用・非常用の2系統がある。
MCCとはMotor Control Centerの略で、P/Cから受信した電力を、小型開閉器を介して小型設備に供給している。

図2－4　福島第一原発の電源系統図

2　津波襲来から電源喪失までの経緯

　3月11日からの5日間の、水素爆発などの重要な出来事や、注水などの事故対応の経緯を、号機別・時系列にまとめたのが次ページの図2－5である。

　1号機では、11日夜から早くも過酷事故が進展し、続いて13日午前中に3号機が、14日午後に2号機が、それぞれ深刻化していった。この節では11日の電源喪失までの経緯を概観する。なお、事故の進展が早かった順に、1、3、2、4号機の順に記述してある。

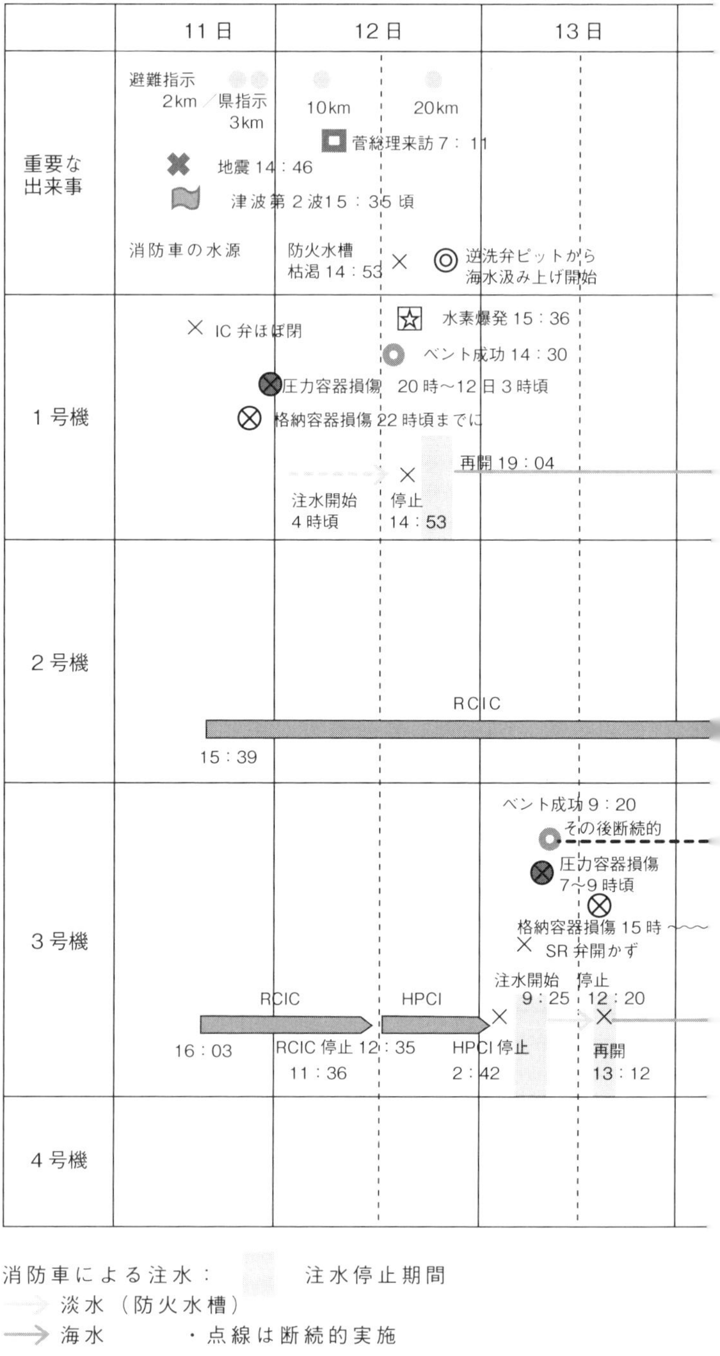

	11日	12日	13日
重要な出来事	避難指示 2km／県指示 3km ✖ 地震 14：46 🚩 津波第2波 15：35頃 消防車の水源	10km　20km ■ 菅総理来訪 7：11 防火水槽枯渇 14：53 ✕	◎ 逆洗弁ピットから海水汲み上げ開始
1号機	✕ IC弁ほぼ閉	☆ 水素爆発 15：36 ◎ ベント成功 14：30 ⊗ 圧力容器損傷 20時〜12日3時頃 ⊗ 格納容器損傷 22時頃までに 注水開始 4時頃　停止 14：53 ✕	再開 19：04
2号機	RCIC 15：39		
3号機	RCIC 16：03	RCIC停止 12：35　HPCI 11：36　　　HPCI停止 2：42	ベント成功 9：20　その後断続的 ◎ ⊗ 圧力容器損傷 7〜9時頃 ⊗ 格納容器損傷 15時〜 ✕ SR弁開かず 注水開始 9：25　停止 12：20 ✕ 再開 13：12
4号機			

消防車による注水：　　注水停止期間
→ 淡水（防火水槽）
→ 海水　　・点線は断続的実施

図2-5　各号機別の事故の経緯

	14 日	15 日

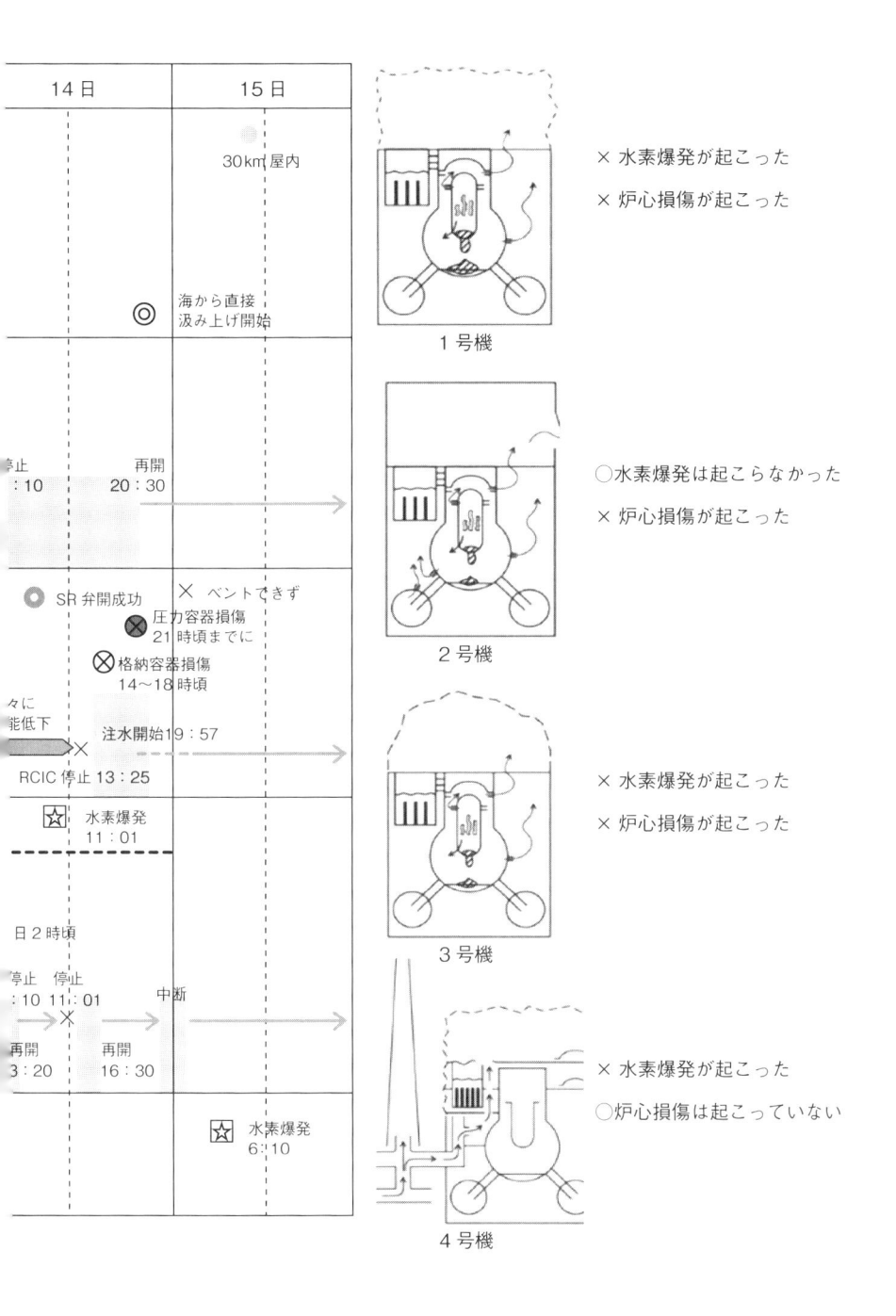

30km 屋内

海から直接
汲み上げ開始

停止　　再開
:10　　20:30

◎ SR 弁開成功　× ベントできず
⊗ 圧力容器損傷
　21 時頃までに
⊗ 格納容器損傷
　14〜18 時頃

々に
能低下
注水開始 19:57
RCIC 停止 13:25

☆ 水素爆発
　11:01

日 2 時頃

停止　停止
:10　11:01　中断

再開　再開
3:20　16:30

☆ 水素爆発
　6:10

1 号機　× 水素爆発が起こった
　　　　× 炉心損傷が起こった

2 号機　○ 水素爆発は起こらなかった
　　　　× 炉心損傷が起こった

3 号機　× 水素爆発が起こった
　　　　× 炉心損傷が起こった

4 号機　× 水素爆発が起こった
　　　　○ 炉心損傷は起こっていない

地震から津波到達までの状況

　3月11日14時46分頃、震度6強の地震が発生した。当日の福島第一原発では、1～3号機は通常運転中、4～6号機は定期点検中であった。地震発生後直ちに、制御棒挿入による緊急停止（スクラム）処置が自動作動し、核分裂反応は停止した。引き続き運転員は、所内電源を外部電源へ切り替えるための操作を行った。しかし、その操作とほぼ同時に、地震による影響で外部電源が喪失してしまった。そのため、非常用ディーゼル発電機（D／G）が自動で起動することとなった。そして、外部電源喪失時のフェールセーフ機能として、主蒸気隔離弁（蒸気タービンや主復水器へ行くメインの配管を閉じる弁）が自動で「閉」となった。それらスクラム後の一連の動きは、ともかく順調に推移した。

　引き続き、主復水器隔離時の代替冷却システムである非常用復水器（IC、1号機のみ）および原子炉隔離時冷却系（RCIC、2、3号機）が自動または手動で起動された。また、免震重要棟内には発電所対策本部が設置され、テレビ会議システムによる東電本店内の本店対策本部との情報共有体制も機能し始めた。

　地震発生から50分ほど経過し全電源を喪失する寸前の15時39分頃、2号機では、それまで「原子炉水位高」を検知して自動停止していたRCICを、たまたま運転員が原子炉水位を確認しながら「開」操作した。

　もし、この操作があとわずかでも遅れていれば、このRCICは直

外部電源喪失の象徴的な写真であるが、5、6号機用の送電線であり、重大事故を起こした1～4号機とは関係ない。また、全号機とも外部電源喪失の主原因は遮断器の動作停止である。「夜の森線」においても、この倒壊が電源喪失の原因の1つになったかどうかも不明である。

図2－6　倒壊した「夜の森線」の鉄塔

流電源喪失のため起動不能となり、2号機の事態は事実経過よりさらに悪化していた可能性が高い。RCICはその後、制御不能なまま3日間近く稼働し続けた（RCICは開閉弁が開いていると、あとは原子炉の蒸気でタービンが回り、交流電源がなくても駆動されるが、弁の開閉には直流125Vの電源が必要である）。

中越沖地震の教訓から、2010年7月という事故のわずか8ヵ月前に設置されていた。独立した自家発電機も有するこの設備の効果は大きかった。

図2-7　免震重要棟

地震による配管破断などの可能性について

　政府事故調の報告書では、原子炉の圧力や水位、および放射線などのデータから、地震発生から全電源喪失するまでの五十数分間では、圧力容器およびその周辺部、格納容器およびその周辺部、1号機の非常用復水器（IC）とその配管や復水器、2、3号機の原子炉隔離時冷却系（RCIC）、3号機の高圧注水系（HPCI）について、地震による「閉じ込め機能を損なうような損傷」の発生をほぼ否定している。また、1、2号機のHPCIについても、「注水機能を喪失するような損傷が生じていた可能性は低い」と認定している。

　なお、政府事故調が否定した「可能性」は、津波到達以前の「閉じ込め機能を損なうような損傷」である。言い換えれば、「ある大きさ以上の漏洩面積を伴うような損傷」であり、それ以下の小さな亀裂の発生の可能性までをも否定しているわけではない。「地震で小さな亀裂が発生し、全電源喪失後その傷口が拡大した」といった可能性は否定できない。ただし、そのような状況を疑わせるような証拠は、上記の設備について何も見つかっていない、ということも事実である。

津波による電源喪失

　15時35分頃、津波の第2波が到達した。1～4号機のエリアの津波浸水高さは、11.5～15m、局所的には17mであった。まず、海岸に近い海抜4mの敷地に設置されていた、非常用設備の「海水ポンプ」すべてが被水した。それらのポンプや駆動モーターの破損状況は不明であるが、いずれにせよ、それらはすべて機能を失った。

　原子炉建屋やタービン建屋のある主要部の敷地高さは10mだったので、それらの施設は最大で7mの浸水を被った（図2－8）。そして、扉や空気取り入れ口などから建屋内にも浸水し、タービン建屋地下1階に設置されていた配電盤など多くの設備が被水した。その結果、ほとんどすべての電源を喪失し、この後の過酷事故の始まりとなった。

主要部敷地高さ10m　　海水ポンプエリア敷地高さ4m

図2－8　福島第一原発中心部の海抜高さ

エアフォトサービス

免震重要棟内の発電所対策本部のある部屋には、窓や敷地内の様子を見る外部監視カメラがなく、そのため全電源喪失後しばらくは、その原因が津波であるということがわからなかった。

　全号機で交流電源が喪失、1、2、4号機では直流電源までもが喪失という報告が次々と入る中で、発電所対策本部では、想像を絶する事態に皆言葉を失った。吉田昌郎所長は、これまで想定してきたあらゆる過酷事故をはるかに超える事態が発生したことがわかり、とっさに何をすべきなのか思いつかなかったが、まず法令に基づき、全交流電源喪失という事態の発生を官公庁等に通報した。

　主要部の水没状況は1～3号機ともほぼ同じである。すなわち、タービン建屋の搬入扉や空気取り入れ口から海水が浸入し、タービン建屋、コントロール建屋および原子炉建屋の地下1階と中地下階が全面的に浸水した。タービン建屋地下1階には、非常用発電機や常用・非常用の交流配電盤などの電源系や消火系の設備が、コントロール建屋の地下1階には直流電源系(1、2、4号機)が、そして原子炉建屋地下1階には、原子炉隔離時冷却系(RCIC)や高圧注水系(HPCI)などの非常用冷却系の多くが設置されていた。

　15時37分～42分、6号機の空冷式非常用ディーゼルエンジン発電機1台を除き、1～6号機の全交流電源を喪失した。また、直流電源についても、1、2、4号機で喪失。3号機では、直流電源設備が中地下階にあったため、被水はしたものの機能喪失には至らなかった。このため、3号機ではこの後しばらく、RCICやHPCIの操作を行うことが可能であった。

　地震により外部電源を喪失したあと頼りになるのは、本来、非常用ディーゼルエンジン発電機（D／G）である。1～4号機のD／Gは、各号機ごとに2台、全部で8台ある。1999年に安全策強化のため増設された、2号機の1台と4号機の1台は、離れた所にある共用プール建屋（海抜10m）の1階に設置されていた。他の6台はタービン建屋

地下1階に設置されていた。共用プール建屋内の2台は、地上階にあったため被水はしたものの水没はせず生き残った。しかもその2台は、エンジンの冷却方式が空冷式であったため、海岸近くの「全滅した海水ポンプ」の影響を受けず、稼働可能な状態であった。

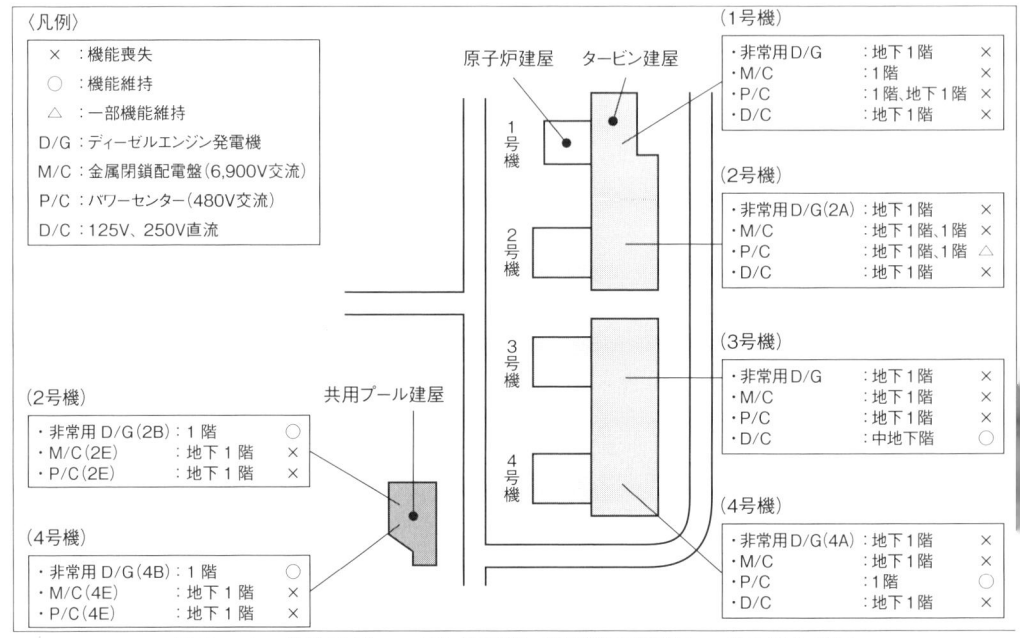

〈凡例〉
- ×：機能喪失
- ○：機能維持
- △：一部機能維持

D/G：ディーゼルエンジン発電機
M/C：金属閉鎖配電盤（6,900V交流）
P/C：パワーセンター（480V交流）
D/C：125V、250V直流

（1号機）
- 非常用D/G　　：地下1階　×
- M/C　　　　　：1階　　　×
- P/C　　　　　：1階,地下1階　×
- D/C　　　　　：地下1階　×

（2号機）
- 非常用D/G(2A)：地下1階　×
- M/C　　　　　：地下1階,1階　×
- P/C　　　　　：地下1階,1階　△
- D/C　　　　　：地下1階　×

（3号機）
- 非常用D/G　　：地下1階　×
- M/C　　　　　：地下1階　×
- P/C　　　　　：地下1階　×
- D/C　　　　　：中地下階　○

（4号機）
- 非常用D/G(4A)：地下1階　×
- M/C　　　　　：地下1階　×
- P/C　　　　　：1階　　　○
- D/C　　　　　：地下1階　×

（2号機）
- 非常用D/G(2B)：1階　　　○
- M/C(2E)　　　：地下1階　×
- P/C(2E)　　　：地下1階　×

（4号機）
- 非常用D/G(4B)：1階　　　○
- M/C(4E)　　　：地下1階　×
- P/C(4E)　　　：地下1階　×

図2-9　非常用ディーゼル発電機、配電盤の配置と、その喪失状況

　しかし、致命的な問題はD／G本体の機能喪失にではなく、配電盤のほぼすべてが浸水し故障したことにあった。共用建屋にあった2台の非常用発電システムについても、D／Gは地上階にあったものの、配電盤は地下1階に設置されていた。そのため、他の6台と同様に機能を失い、結局1～4号機の交流電源はすべて喪失してしまった。
　しばしば、「地震で常用の外部電源を失い、さらに津波で非常用発電機が水没し、その結果全交流電源を喪失した」と言われているが、それは間違いである。1～4号機の配電盤については、高圧配電盤

(M／C) のすべてと、多くの低圧配電盤 (P／C) が水没して機能を失っていた。そのため、仮に、外部電源が無事に発電所の開閉所 (入口) にまで送電できていたとしても、全交流電源喪失という状況は、事故当初にはあまり変わりはなかったと考えられる。

過酷事故を回避できた6号機では、1台の非常用D／GとM／Cが機能を維持し、さらに5号機へも融通できたため、結局5、6号機では全電源喪失には至らなかった。

1～4号機との決定的な差は、非常用D／Gではなく、M／Cが生き残ったかどうかであった。なお、1号機と2号機、および3号機と4号機は、互いに電源を融通しあえるように設計されている。したがって、もし配電盤が無事であったならば、生き残った2台の非常用D／Gから全号機への必要最小限の給電は行われ、事故は炉心損傷には至らない軽微なもので済んだ可能性が高い。

3　全電源喪失後の1号機の状況

非常用復水器（IC）フェールセーフで機能せず

1号機では津波による浸水により直流を含む全電源を喪失した。中央制御室は真っ暗となり、直流電源の喪失により、各種の計器もすべて表示しなくなってしまった。

ICは、それまで運転員がオンオフを繰り返しながら順調に機能していたが、全電源喪失と同時に、フェールセーフ機能のため4つあるバルブ（冷却回路の遮断弁）すべてに「閉」信号が発せられた。それと同時にバルブ操作の動力源である交流も喪失した。つまり、「バルブ閉」の信号が発せられると同時に、バルブを閉めるための駆動電源もほぼ喪失した。そのため、実際にバルブが閉まったのか、それとも閉まろうとして途中で止まってしまい、「中間開」で止まったのか、その点は両者の微妙なタイミング次第で判然としない。

しかし、電源喪失後2時間余りしか経過していない18時頃から放射線量上昇のデータが検出され始めていることや、さらにその後の調査の結果などから、ＩＣがはじめからほとんど機能していなかったことは確実視されている。そのため、冷やされるべき原子炉の高温蒸気が復水器に循環しなくなり、1号機の冷却機能はほぼ失われてしまった。

　このことは、本質的な安全対策であるはずの「フェールセーフ」策が裏目に出たことを示している。すなわち、福島第一原発では、「フェール＝異常事態」時には、ともかく放射能の漏洩を抑えるために圧力容器を「閉じ込める」ことが「セーフ＝安全サイド」である、という設計思想だった。しかしこの考えは、他の冷却手段をすべて失った今回のような深刻なケースでは、冷却回路が遮断され逆により危険サイドに振れる、という矛盾をはらんでいた。ちなみに、2号機以降の原子炉隔離時冷却系（ＲＣＩＣ）では、隔離弁は直流電源を喪失してもそのままの状態を維持するよう設計されている（設計思想が異なっている）。

　関係者の誰もがＩＣの機能停止が認識できなかったことの直接的な原因は、まず、直流電源喪失を想定した教育訓練がまったく行われていなかったことにある。その遠因として、「長時間の交流電源喪失は考慮しなくてよい」とした原子力安全委員会の安全設計審査指針を指摘することができる。なぜなら、バッテリーそのものは短時間で放電し切ることはないはずなので、もし交流電源が短時間で復旧するとすれば、必要に応じてバッテリーへの充電が始まり、直流電力は必ず保持されると考えることができる。したがって、直流電源は一瞬の喪失も考慮する必要がない、ということになる。しかし実際には、1号機のバッテリーを含む直流電源設備は、浸水により短時間で機能を失い、充電の役割を果たすべき交流電源も10日間以上復旧しなかった。

　しかしそれにしても、運転員だけでなく、発電所対策本部、本店対

策本部、保安院および原子力安全委員会など、すべての関係者の誰もが、ICがほとんど動いていないことに気付かなかったことも問題である。

まず、当直の運転員が明確には気付かなかった理由として、誰もICを実際に運転した経験がなかった、ということが挙げられる。運転時には、蒸発した水蒸気が、排気口（通称"ブタの鼻"）（図2−10）から水平方向に勢いよく吹き出し、その際、静電気が発生して雷のような青光を発し、「ゴー」という轟音を鳴り響かせるなどと、先輩から伝え聞いている者がいただけである。そして1号機は、MARK Ⅰ型の中でも最も古い、原子炉隔離時冷却システムにICを使用しているタイプで、このICを採用しているプラントは、国内では他に日本原子力発電・敦賀原発1号機しかなかった。その結果、ICの情報が入りにくかった、という点も理由として挙げられる。

IC用の蒸気吹き出しパイプ2本が1号機原子炉建屋の壁の上部から突き出ている。このパイプは、陸側を向いていて、免震重要棟側からは見えるが中央制御室側からは直接は見えない。

図2−10 "ブタの鼻"

さらにそれはそれとしても、発電所対策本部のある免震重要棟側から見れば、"ブタの鼻"から吹き出る蒸気の様子は一目瞭然であり、ICの作動状況に少しでも疑問を持てば直ちに確かめることはできたはずである。運転員は、復水器から出る蒸気の出方が少なすぎることに疑問をもったが、原子炉建屋越しにしか見えず、状況がはっきりとはつかめなかった。そのため、運転員は18時過ぎから21時過ぎにかけ

て、3度にわたり3Ａ弁の「開→閉→開」の操作を繰り返すことになる。ＩＣを手動でオンオフする場合には、4つある弁のうちの残りの3つは開け放しにしておき、1つの弁(3Ａ弁)のみを開閉操作するようマニュアルで定められていたからである。しかし、フェールセーフ機能で3Ａ弁以外の弁が(ほとんど)閉じているため、3Ａ弁を開け閉めしても実際には意味がなかった(図2－11)。

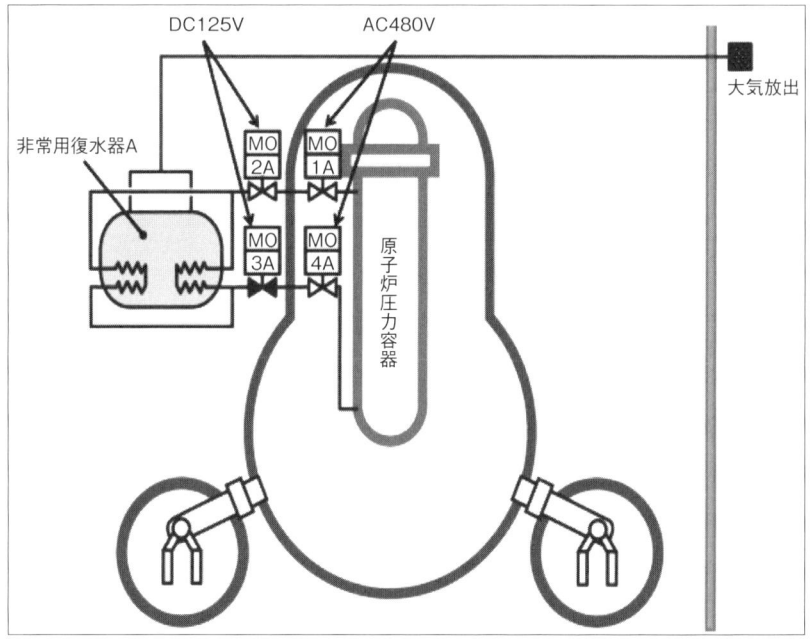

図2－11　非常用復水器（ＩＣ）の弁の配置図

1号機には、Ａ系とＢ系の2セットのＩＣがあるが、上図ではＡ系のみを図示している。各ＩＣの冷却回路を遮断する弁は4つあり、そのすべてが開いていないとＩＣは機能しない。そのうちの2個は格納容器内にあり、他の2個は格納容器外にある。

　11日16時頃、吉田所長は、フェールセーフ機能でＩＣが停止しているということには思いが至っていなかったが、一方、ＩＣやＲＣＩＣが正しく作動しているという確信も持ってはいなかった。そのため、ＩＣに代わる代替注水手段の必要性を感じていた。全電源喪失下では、ＩＣ以外に事前に準備されていた代替注水手段は、ディーゼルエ

ンジン駆動の消火ポンプを駆動源とする消火系からの注水しかない。その場合、事前に想定されていた水源は「濾過水タンク」であった。

しかし、吉田所長は濾過水タンクから原子炉建屋に至る配管などについて、地震による損傷を懸念した。そこで17時12分頃には、事前の緊急対応策としては準備されていなかったものの、臨時の処置として消防車による注水の検討を行うよう指示を出した。この判断は正しく、12日以降消防車からの注水が"命綱"となる。

なお、「濾過水」とは、濾過しただけの普通の水で放射性物質を含まない。発電所全体に共用で、原子炉建屋などからは500m以上離れた場所にある8000tの大型タンク2基に貯蔵されている。

非常用復水器（IC）についての運転員の疑問と迷い

11日17時半頃、中央制御室の当直の運転員の中には、ICの動作を疑う者もいた。そこで、運転員は代替注水が必要となる事態に備えて、ディーゼルエンジン駆動の消火ポンプの起動確認を行い、いつでも起動可能となるように待機状態とした。さらに17時50分頃、ICの復水器タンクの水量を確認するため作業員は原子炉建屋に向かったが、入口の二重扉付近で線量が高かったため引き返した。この時の線量はその後の数値に比べればたいした値ではないが、正常値とは言えず、この時点ですでに燃料の一部が冷却水面より上に露出していた可能性が十分考えられる。

18時18分頃、中央制御室ではそれまで消灯していたICの状態を示すランプが、自然に「2A弁および3A弁全閉」で点灯していることに気付いた。この時、当直は、フェールセーフ機能によって、ICのバルブがすべて閉まっているかもしれないと思ったが、そうではない可能性を期待しつつ、2A、3A弁の開操作を行った。そして、対策本部に2つの弁を開けたことを報告した。さらに運転員は、中央制御室から出て原子炉建屋越しに水蒸気の噴き出し状況を目視し、はじめ

は少量の蒸気が確認できたが、その後見えなくなった。

　18時25分頃、ICからの水蒸気発生量が少ない状況から、ICの機能に疑いを持った運転員は、「復水器の冷却水が減少し、そのため蒸気が発生しなくなっており、そのままICを運転し続けるとICの配管が破損する可能性がある」ことを心配し、３Ａ弁の「閉」操作を行った。しかし、そのことは免震重要棟の対策本部には伝わらなかった。

　21時19分頃、再び原子炉水位を計測し、「燃料棒上端より＋450mm」という値を得た。しかし、実際にはこの頃、冷却水面が燃料棒上端を上回っていたとは考えにくく、すでに水位計の誤作動が始まっていたと思われる。以降、水位計のデータは誤った数値を表示し続けることになる。

　21時30分頃、当直は、３Ａ弁の「閉」状態を示す緑色のランプが再び消えかかっていることに気付いた。そのため、運転員は、このままICを停止させているとバッテリー切れで再起動できなくなる危険性を懸念した。運転員はフェールセーフ機能が作動している可能性が高いと思ったが、ICが稼働できる可能性もゼロではないと考え、再び３Ａ弁を開操作した。この時、はじめ蒸気が放出されるような音が聞こえたが、まもなくまた聞こえなくなった。そのため、この運転員は、やはりICが機能しているとは思えなかった。そして、３Ａ弁を開操作したことを対策本部に報告した。18時25分の「閉」操作を認識していない対策本部は、弁を"再び"開操作したとの報告に疑問を感じても不思議はなかったが、それについて気付いた者はいなかった。

　さらに２時間以上経過した23時50分、所内の協力企業から調達した小型発電機を中央制御室に持ち込み、格納容器のドライウェル（Ｄ／Ｗ）圧力を測定したところ、0.5MPa（約５気圧）という極めて高い値を示した。

　この報告を受けた吉田所長は、ようやく、ICが正常に機能してお

らず、圧力容器から漏洩した水蒸気によってD／W圧力が異常上昇していると考えるに至った。この間、全電源喪失後8時間以上が経過しており、炉心損傷が進み、すでに圧力容器や格納容器からの漏洩が始まっていたとみられている。

突然の危機認識
　ICの機能不全を認識した吉田所長は、躊躇することなく対策本部の発電班および復旧班に対し1号機のベントの準備を進めるよう指示を出した。また同時に、2号機についても事態の悪化に備え、ベント準備に入るよう指示した。そして、12日午前1時30分頃までに、本店対策本部では、1、2号機のベント実施について清水正孝社長の了解を得た。また、官邸および原子力安全・保安院にも申し入れを行い、まもなく菅総理以下の了解も取り付けた。
　1号機のディーゼルエンジン駆動の消火ポンプは、前日から使用するときに備えエンジンを起動させ続けていたが、この頃には停止していることが確認された。停止の原因は不明である。
　そこで対策本部は、残された手段としては消防車による注水しかないと考え、その本格検討を開始した。消防車からの注水は事前に訓練などは行われていなかったため手間取ったものの、消防を担当していた構内企業の協力も得ながら、4時頃には消防車による淡水注入の開始にこぎつけた。水源として、はじめは消防車のタンク内の水を使い、続いては防火水槽で汲み取っては運ぶピストン輸送を行い、断続的に注水を行った。このため、当初の注水量は、数十分当たり1〜2tという少量に留まっていた。
　6時50分、海江田万里経産大臣は、法律に基づくベント命令を発令した。この頃、なかなかベント実施の進捗報告が届かない中、東京サイドではいらだちを募らせ、「躊躇しているのではないか」という疑念を抱く者もいた。しかし実際現場では、躊躇していたわけではな

く、さまざまな理由から手間取っていただけのことである。

　その頃、官邸の菅総理大臣は、東電の幹部などから、ベントが実施されない理由について明確な説明が得られないことに不信を抱いていた。そのため、班目春樹原子力安全委員長を伴い直接ヘリコプターで訪れることとし、7時11分現地に到着した。本店からは武藤栄副社長など、発電所からは吉田所長一人が応対し、「9時頃を目途にベントを実施したい」旨発言した。吉田所長からベント実施の意思のあることを直接確認した菅総理一行は、直ちに東京に引き返した。

　12時頃、相変わらずベント作業ははかどっていなかったが、吉田所長は、淡水が枯渇した場合には海水を注入することを決断し、海水注入のためのホースなどによるラインを作るよう指示を出した。そこで、東電の社員や関連会社員たちは、現場付近に使える海水がないか探し回った。そして間もなく、彼らは3号機の逆洗弁ピット（復水器に海水を逆向きに流し、付着物などを除去するための弁が設置されているプール状のくぼみの場所）に津波が残した大量の海水が溜まっていることに気付いた。これに対し、武藤副社長以下東電の関係者、班目原子力安全委員長などは、海水注入はやむを得ないものと考え、反対意見の者はいなかった。

　12時30分頃、ベント用のエア駆動弁（A／O弁）を開けるために必要だった可搬式のエアコンプレッサーを協力企業から入手することができた。しかし、A／O弁を開くためには、エア配管にある電磁弁を開く必要もあった。そのため、発電所内にあった可搬式の交流電源を接続して電磁弁の開操作を行った。以上の作業の結果、D／W圧力が下がり、テレビの映像によっても1号機の排気塔から白い煙が出ているのが確認できた。そこで吉田所長は「ベントは、逆のぼって14時30分に実施された」と判断し、15時18分、官庁等にもその旨通報を行った。

水素爆発

　ベントは成功した。しかし、すでに漏洩していた水素により、12日15時36分、1号機の原子炉建屋が水素爆発を起こした。それにより、現場で作業していた5名が負傷した。そのため、その後しばらくは、爆発の影響を調査し安全が確認されるまでは復旧に着手できない状態となった。これまで準備してきた新たな海水注入ラインの消防ホースは、破損して使用不能となったが、消防車3台は幸いにも起動可能であった。しかし、一部完成間近であった電源の復旧作業も一からのやり直しを余儀なくされるなど、水素爆発の影響の大きさに吉田所長は失望を禁じ得なかった。作業員らは免震重要棟に避難した。

　水素爆発は、それ以前に格納容器から漏洩していた放射性物質を撒き散らす原因とはなったが、格納容器からの漏洩を増大させる原因になったわけではない。しかし、事故対応の作業に対し重大な支障をきたす原因ともなったことで事故の深刻化の大きな要因の一つになったことは間違いない。

　ところで、原子炉建屋の水素爆発は、ほとんど世界の専門家の誰もが実際に起こるとは予測していなかったらしい。格納容器の水素爆発については熱心に研究されていたが、建屋の爆発についての研究はほぼ皆無だったというのは素人には不思議な感じがするが、事実であったようだ。原子炉建屋は換気されている、という漠然としたイメージがあった、という証言もある。3月11日に、菅総理から「水素爆発の可能性は？」と尋ねられた班目委員長が、「窒素で満たされているので大丈夫です」と答えたのは、本人も証言しているとおり、格納容器の水素爆発しか念頭になかったからである。なお、政府事故調でも、原子炉建屋の水素爆発に関する世界の論文を調べたが、わずか2点しか見つからなかった。それらについても、国内やIAEA(International Atomic Energy Agency、国際原子力機関)などの国際機関で議論された

形跡は見当たらない。

海水注入の実施をめぐる混乱

　12日17時20分頃、発電所対策本部は被害状況を確認の後、海水注入開始のための作業を再開した。同じ頃、官邸では、菅総理、細野豪志総理補佐官、班目委員長、平岡英治保安院次長および武黒一郎東電フェローらが総理執務室に集まって、議論を行っていた。

　菅総理が、海水注入が原子炉に与える影響について尋ねたのに対し、班目委員長および武黒フェローは、「海水であれ、できるだけ早く注水することを優先しなければならない」旨、意見を述べた。さらに、菅総理は、班目委員長に対し、「海水を入れることで再臨界の可能性があるのではないか？」と尋ね、班目委員長は、「再臨界の可能性については、それほど考慮に入れる必要がない」旨答えたが、菅総理は十分納得しなかった。そこで、いったん会議が中断した。

　19時4分頃、現場ではやっと消防車による海水の注入にこぎつけることができた。ところが、このあと、海水注入の開始を知らなかった武黒フェローが、吉田所長に対し、「いま官邸で検討中だから、海水注入を待ってほしい」旨、強く要請した。海水注入中断による状況の悪化を懸念した吉田所長は、本店や、オフサイトセンターに駐在中の武藤副社長らに相談したが、彼らも、「菅総理の了解が得られていない以上、中止は止むを得ない」という意見であった。

　しかし、海水注入を中断するわけにはいかないと判断した吉田所長は、担当責任者に対して、テレビ会議などに集音されないような小声で「絶対に注水を止めるな」と指示を出した後、わざと緊急対策室全体に響き渡る声で「海水注入中止」の指示を行った。

　その後19時30分頃、官邸では会議が再開された。菅総理は、その間のいきさつを知らなかったが、すぐに海水注入を了解した。そのため、武黒フェローらは菅総理への説明の機会を失ってしまった。

その後の経緯

　その後、海水の注入は順調に行われたとみられているが、14日になって3号機逆洗弁ピットからの取水が不能となり、1号機への海水注入は停止した。そこで、新たに到着していた消防車を利用して海から海水を汲み上げ、逆洗弁ピットに海水を補給するラインの敷設作業を行った。海水の汲み上げラインは9時過ぎに完成したが、3号機への注水をまずは優先した。さらに、およそ2時間後には3号機の水素爆発も発生し、消防車が作動を停止するなどした。その結果、1号機への注水の再開は20時30分頃となり、この間1号機では19時間以上注水が中断していたことになる。

　それらのことから、1号機では炉心損傷がさらに進行し、放射性物質の漏洩は14日頃にも続いていたとみられている。その後、15日中、高い値を示していたドライウェル（D／W）の放射線量も16日夜には大きく低下し、1号機全体の状況は落ち着いてきたと思われる。

　なお、1号機では、3月31日まで使用済み燃料プールへの注水は行われていない。これは、1号機の使用済み燃料は、プールに移設されてから1年以上の冷却期間があったことから、冷却の緊急度が低かったという事情があった。

4　交流電源喪失後の3号機の状況

高圧注水系（HPCI）の手動停止まで

　3月11日15時38分頃、3号機でも津波による浸水のため、直流を除く全交流電源を喪失した。しかし、3号機では、直流電源盤、バッテリーなどがタービン建屋の「中地下階」にあったので喪失を免れ、原子炉圧力や水位などの主要なパラメーターは監視することができた。

　16時3分頃、当直の運転員は原子炉隔離時冷却系（RCIC）を手

動起動した。3号機では、直流電源が生き残っていたため、中央制御室では、RCICをはじめいろいろな設備の操作や計器の読み取りも可能であった。

　2、3号機のRCICは、定格で97t／時間の注水能力がある。復水貯蔵タンクの容量は約2500tであり、RCICを定格運転で使用し続けると約1日分でしかない。さらに、復水貯蔵タンクの水は他にも用途があり、そのすべてをRCICに注入することはできない。したがって、運転員は、長時間の使用に備え、容量を制限しながら運転を続けた。

　12日11時36分頃、何らかの原因でRCICが停止した。原因は現在も不明である。12時35分頃、RCIC停止による原子炉の水位低下を検知して、高圧注水系（HPCI）が自動起動した。HPCIは原子炉圧力が高圧の状態でも急速注水を行うことのできる、いわば"最後の切札"ともいうべき非常用炉心冷却設備であり、定格965t／時間という極めて大きな注水能力をもっている。このため、短時間の運転でも原子炉水位は急上昇し、HPCIはすぐに自動停止してしまう。そうすると、たびたび起動と停止を繰り返すことになり、その結果バッテリーを短時間で消耗してしまうことになる。その点を懸念した運転員は、HPCIから吐出される水の一部が復水貯蔵タンクに戻される回路を構成して、圧力容器への注水量を制限しながら運転を行った。

　その後、HPCIからの注水による冷却効果で、圧力容器圧力は徐々に低下していった。そのため、原子炉の蒸気で駆動されているHPCIポンプの吐出圧も低下し始めた。また、この頃、原子炉水位はまだ読み取れておらず、注水の実態はわからない状態であった。

　運転員は、このような通常とは異なる運転状況に、HPCIの故障に対する不安を抱くようになり、HPCI停止の是非について発電所対策本部に相談を行った。相談を受けた発電班は、話し合いの結果、①許容範囲を下回る回転数でHPCIを運転し続ければ、HPCI破

損の危険がある、②逃がし安全弁（ＳＲ弁）を開けて減圧を行えば、代替手段であるディーゼルエンジン駆動消火ポンプによる低圧注水が可能である、との判断から、ＨＰＣＩの停止は止むを得ない、という結論に達し、その旨を運転員に伝えた。それらの状況から、13日2時42分、運転員はＨＰＣＩを手動操作で停止した。

逃がし安全弁（ＳＲ弁）開操作不能

　運転員がＨＰＣＩを手動停止させようとした時、ＳＲ弁の作動状況を示す表示ランプは緑色の停止状態を示しており、バッテリーが残っていることを示していた。運転員は、そのことから、ＳＲ弁は中央制御室からの操作で開けられるものと考えていた。しかし、ＨＰＣＩ停止後まもなく、運転員が実際にＳＲ弁の開操作を2回試みたところ、どちらもうまくいかなかった。これは、バッテリーの容量がかなり下がっており、ランプを表示できる程度の電力は残っていても、もっと大電流を必要とするＳＲ弁の「開」操作には不十分だった、ということが原因であった可能性が高い。

　ＨＰＣＩの冷却効果で0.58MPa（約5.9気圧）にまで落ち込んでいた圧力容器圧力は、ＨＰＣＩ停止後の13日3時44分には4.1MPaと急上昇していた。このため、低圧の注水手段であるディーゼルエンジン駆動消火ポンプでは吐出圧力が足らず、それよりも圧力が高い原子炉への注水は物理的に不可能となってしまった。ディーゼルエンジン駆動消火ポンプによる注水を当てにしてＨＰＣＩを停止したにもかかわらず、ディーゼルエンジン駆動消火ポンプが起動する前に圧力容器圧力が上昇してしまう、という予想外の困難な状況となったわけである。

　注水手段を失った運転員は、すでに止めてしまったＨＰＣＩやＲＣＩＣを再起動させようとも試みたが、どちらも成功しなかった。したがって、ＳＲ弁を開ける圧力容器の減圧操作だけでなく、その結果生ずる格納容器の圧力上昇を抑えるためのベント操作との、どちらも成

功させなければ破局的な状況に至りかねない事態が生じてしまったことになる。

ベント操作での苦戦

　発電所外から届けられたバッテリーは２Ｖのものばかりであり、ＳＲ弁操作に必要な120Ｖ電源としては使い物にならなかった。そこで、発電所対策本部は、所内に12Ｖバッテリーがないか探し始めた。その結果、ようやく13日７時44分までに、発電所内に駐車してあった対策本部の社員の車からバッテリーを取り外し、10個を確保することができた。そして、それらを中央制御室に持ち込み、制御盤を開けて直接端子へのつなぎこみを行った。その結果、９時50分頃、すなわちＨＰＣＩ停止から７時間余り経過してようやく、ＳＲ弁の開操作にこぎつけることができた。しかし、この操作は、後でも述べるように実際には手遅れであり、その前に圧力容器は損傷により大きく減圧されていたことがわかっている。

　一方、13日夜明け頃から行っていたベント作業も、エアの不足などから手間取っていたが、８時41分に２つのベント弁を開状態とすることができた。そのため、格納容器圧力がラプチャーディスク（不用意なベントを防止する安全弁のようなもの）の作動圧力を超えると自動的に壊れ、ベントが行われる手はずが整ったことになる。

　９時20分過ぎ、ドライウェル（Ｄ／Ｗ）圧力は大きく低下したことが確認された。そのため、発電所対策本部は、ベントが９時20分頃に実施されたと判断し、官庁にも通告した。ベントが成功し、さらに圧力容器は破損により自然に減圧されたことから、ともかく消防車による注水は可能となった。

　ところで、ベントやＳＲ弁の開操作の前の９時頃のデータを見ると、圧力容器の底部が破損して急激な圧力低下（圧力容器のメルトスルー）に至った可能性が考えられることを示している。溶融燃料が圧力

容器底部に落下し底部に残っていた水に接触することにより、一時的に大量の水蒸気が発生して、水位が激しい上下動を示した可能性も否定できない。

　事故調の「中間報告」(2011年12月)では、この9時頃の急激な減圧はＳＲ弁の開操作によるものと考えられていた。しかし、先にもふれたように、その後の証言等からそれは間違いであることがわかり、「最終報告」では訂正されている。ＳＲ弁の減圧操作は、その後9時50分頃になってからようやく行われたことが確実である。

水素爆発の危機感高まる

　13日14時31分頃、二重扉北側で1時間当たり300mSvという極めて高い線量が計測され、扉の内側には白いモヤモヤが見えた。そのような状況下、関係者は1号機と同様の水素爆発を恐れたが、有効な手立てを思いつくことはできなかった。自衛隊による空からの射撃で原子炉建屋の壁に穴を開けることまで検討されたが、水素爆発への引火の恐れなどの理由から不採用となり、最終的にはウォータージェットによる方法に決定した。その後、そのための機材の調達作業は開始されたが、結局間に合わず、翌日水素爆発が発生してしまうことになる。

　15時28分には、3号機中央制御室でも1時間当たり12mSvという高い線量となった。運転員は、中央制御室の同じ部屋の中でも線量の低い4号機側に退避した。14日6時30分頃には、Ｄ／Ｗ圧力がゲージ圧換算で0.4MPa台を推移しており、水素爆発前の1号機の状況に近いと思われたことから、格納容器からの水素の漏洩、およびそれに続く水素爆発が懸念されていた。そのため、吉田所長は本店等にも相談した結果、作業員の安全のため、6時30分から45分にかけて、作業員に免震重要棟への一時退避命令を出した。しかしその後、Ｄ／Ｗ圧力はそれ以上には上昇せず、また海から海水を汲み上げる補給ラインの確保も急がれることから、7時半過ぎにそれらを解除した。

作業員への退避処置を解除した３時間余り後の11時１分、恐れていた３号機の水素爆発が起こった（図２－12）。この爆発により、自衛隊員４名以外にも、東電の社員４名と協力企業の社員３名が負傷した。その後、現場にいた作業員などは安全のため免震重要棟に全員退避した。避難処置を実施し、その後それを解除した後の爆発であっただけに、関係者のショックは大きかった。当初は、行方不明者が多く出ているという情報も流れ、対策本部は深刻な雰囲気に包まれた。また、タービン建屋前に配置してあった消防車４台はすべてが作動を停止し、消防ホースも破損して使用不能になった。周囲一面には、飛び散った瓦礫などが散乱していた。

矢印のように、垂直方向に大きく爆発した。
図２－12　３号機水素爆発（10秒後）
福島中央テレビ

　しかし、３号機では、水素爆発の直後も計器の計測は可能であり、格納容器のＤ／ＷやＳ／Ｃの圧力が大気圧より５倍近い高い値を維持していることがわかった。このことから、格納容器が大きく破損した可能性はないことがわかり、吉田所長は、この爆発も１号機と同様に原子炉建屋の水素爆発と判断した。

　13時過ぎ頃から作業を再開し、現場の状況を確認し始めてみたところ、消防車の多くは作動を停止しホースは破損してまったく使えなかった。水素爆発の前までの消防車による注水方法は、海から汲み上げた海水を、消防車２台を直列につないで逆洗弁ピットに給水を行い、そこから別の消防車で１～３号機に個別に注水を行う、という方法であった。しかし、３号機逆洗弁ピットの周辺は瓦礫が散乱していて、そこからの再敷設は困難と思われた。そこで、海から給水し

た海水を、直接2および3号機に注水する方式に変更することとした。16時30分頃には、新たな方法での注水ラインが復旧し3号機原子炉への注水が始まった。

その後の経緯

3月15日7時55分頃、3号機建屋上部に蒸気が浮いているのが確認された。そのため、最多数の燃料が入っている4号機の使用済み燃料プールよりも、3号機の燃料プールへの放水を急ぐべきではないか、という検討が行われた。翌16日、ヘリコプターによる目視の結果、4号機の使用済み燃料プールには水が十分あることがわかり、3号機への放水が最優先で行われることとなった。初日、3月17日のヘリコプターからの散水は、多くの人がテレビ中継を見ながら感じたように効果がほとんどなく、1日で終了した。しかし、翌日以降の消防車からの放水はある程度の効果はあったとみられている。27日からはコンクリートポンプ車による放水に切り替わり、安定的な放水が行えるようになった。

16日以降、3号機のD／W圧力は徐々に低下していった。この頃の格納容器圧力の低下の様子が急激ではないことから、3号機における格納容器の損傷状況は、2号機ほど大きなものではなかったと考えられるが、詳しい事実解明には今後の調査を待つ必要がある。

5　全電源喪失後の2号機の状況

原子炉隔離時冷却系（RCIC）自然停止

11日15時41分頃、浸水のため、2号機も直流を含む全電源を喪失した。中央制御室は暗闇となり、全計器は読み取りができなくなった。そのため最も重要な原子炉のパラメーターである水位、圧力ともに不明となった。幸い、RCICは、全電源喪失直前に手動（中央制御室で

の遠隔操作）で起動されていたが、その後の動作状態は不明であった。21時頃に至っても、2号機については水位などのパラメーターが見えていなかったことから、1～3号機の中で最も危険な状態にあると思われていた。

　しかし実際には、この後しばらくして判明するように、2号機はRCICが作動していたため炉心の冷却が維持されている状態であった。一方、非常用復水器の停止に気付いていなかった1号機は、夜遅くには危機的状況を迎えていたのだが……。

　22時頃、2号機の水位は燃料棒上端より3.4mも上にあることが判明した。続いてその約1時間半後、圧力容器圧力が6.3MPa（約64気圧）、ドライウェル（D／W）圧力が0.043MPa（約0.44気圧）と、どちらも正常範囲であることが判明し、関係者は一安心、という状況であった。この後2日間以上、2号機では安定した状態が続いた。

　14日11時1分、3号機が水素爆発を起こした。中央制御室では、それまでに、ベント用のエア駆動弁（A／O弁）の電磁弁を励磁するための仮の回路の組み付けを完了していた。しかし、この水素爆発の影響により、せっかく準備していたそれらが外れ、A／O弁（大）が再び「閉」になってしまった。また、爆発のために、消防車およびホースも破損したが、幸いコンプレッサーは稼働可能であった。

　14日12時頃以降、原子炉水位は低下傾向を示し始めていた。また、RCICの水源であるサプレッションチャンバー（S／C）の水は、圧力容器との間を循環し続けているだけで、熱を蓄積し続けていた。そのため、12時30分頃には、S／Cの温度は149℃、圧力は11日深夜に比べ約10倍の0.39MPaという、異常な高温高圧状態になっていた。これらの状態から、吉田所長は、「RCICは13時25分に停止した」と判断した。

逃がし安全弁（ＳＲ弁）開操作とベントの遅れ

14日14時43分頃、水素爆発でダメージを受けていた注水ラインは、作業員等の頑張りもあって、かなり早期に復旧していた。しかし、余震のためその後の作業は中断され、16時30分頃になってやっと消防車が起動され、３号機への注水は開始された。しかし、この頃２号機では、ＳＲ弁の操作に時間を費やしていたため圧力容器の減圧が遅れ、注水を行うことはできない状態が続いていた。

16時頃、発電所対策本部復旧班は、中央制御室において電磁弁を励磁し続けたが、ベント回路の開状態を維持することはできなかった。これは、コンプレッサーの容量が小さく、エア駆動弁が開かなかったことが原因であったと思われる。さらに、エア配管が地震等の影響で壊れていて、エアが漏れていた可能性も否定できない。

19時３分頃、手間取っていたＳＲ弁の開操作にやっと成功し、圧力容器の圧力は注水可能な0.63MPaに減圧、実際に注水が始まった。

19時20分頃、２号機へは注水を始めたばかりの状況だったが、消防車が燃料切れのため停止していることが確認された。そこで、東電の自衛消防隊は、タンクローリー車を用いて給油を実施し注水は再開されたが、この間少なくとも37分間、２および３号機への注水は中断された。ようやく消防車による継続的な注水が始まったものの、その後の２号機の圧力容器の圧力は、21時頃から翌15日１時頃にかけて、多くの時間（半分以上）は１MPaを超えていた。そのため、その時間帯は、１MPa以下の吐出圧力しかない消防車からの注水は物理的に不可能であった。この間、炉心損傷や圧力容器の損傷も進んだ結果、Ｄ／Ｗ圧力が上昇、高止まりしていたものと考えられる。

最悪の危機的状況

14日深夜23時頃の２号機は、ベントによる格納容器の減圧ができて

いないことが最大の問題であった。圧力容器には、バネ力に抗して機械的に開く逃がし安全弁（ＳＲ弁）が多数付いており、圧力容器の内圧が高まって爆発するということはまずありえない。しかし、格納容器にはそれに相当する備えはなく、意図的に行うベントが実施できない場合には、"最後の砦"である格納容器に爆発的破壊の危険性が懸念された。

　この頃、対策本部の関係者は、やむを得ずＤ／Ｗベントの実施を決定した。前にも述べたように、Ｄ／ＷベントはＳ／Ｃベントと異なり、水を通さずに直接大気に放出するため、撒き散らされる放射性物質の量が2桁多くなる。そのため、できるだけ避けたい手段であるが、この時には、格納容器を破壊から守ることを優先せざるを得ない、という状況であった。

　15日午前0時頃の状況をまとめると、まず、1MPa（約10気圧）を超える圧力の圧力容器には、消防車からの注水は不可能であった。また、格納容器ベントによる減圧操作もうまくいかず、Ｄ／Ｗ圧力は23時前から急上昇を始め、30分ほどで0.6MPa（ゲージ圧）という爆発的損傷を起こしかねない値で高止まりしていた。

　このような危機的状況の中で、吉田所長は「チャイナシンドローム」のような最悪の事態をも考え、それを食い止めるためには自らの死をも覚悟した。そして、本店対策本部とも相談の上、状況によっては各プラントの制御に必要な人員のみを残し、その他の者を福島第一原発の外に退避させようと判断した。そして、他の人間の動揺を抑えるため、ごく一部の人間にその準備指示を出し、状況次第で迅速に退避できるようにバスの手配を行った。

　なおこの頃、東電の清水社長が官邸に対し「撤退」と言った発言については、「全員を意図していた発言なのか」、それとも「最低限の人員を残すことは前提としていた発言なのか」、というのははっきりしない問題である。事故調では、当時の関係者から「状況証拠」になる

かもしれない証言を複数聴取したが、それらは双方に分かれ、どちらとも言えないという結論であった。

衝撃音

15日6時00〜10分、ちょうど当直を交替しかかっていた2つのグループの当直員は、中央制御室やその手前で大きな衝撃音を聞いた。その後、彼ら全員に免震重要棟への退避指示が出され、建物を出たところ、彼らは周囲の風景が一変していることに驚いた。

この爆発音は、実際には4号機の水素爆発によるものであった。しかし、ベントが行えないまま、ドライウェル（D／W）圧力が0.6MPa（約6気圧）を超える高止まり状態が続き、関係者は最悪とも思われる状態に固唾（かたず）を飲んでいたところでの大きな爆発音である。ついに恐れていたことが起こり「終わった」と感じた人も多かったようである。そのような状況のため、7時頃、発電所対策本部は、必要最小限の人員50名程度を残し、残りの650名を福島第二原発に一時退避させた。

爆発直後のサプレッションチャンバー（S／C）圧力はゼロを示し、前の衝撃音と考え合わせ、関係者は格納容器が爆発したと解釈したが、ゼロに急落した時刻は、実は爆発音よりも数分前であった。また、この時運転員が見たS／C圧力計は絶対圧表示であり、「ゼロ＝真空」ということは物理的にあり得ないことであった。その2つの理由から、「格納容器が爆発して圧力がゼロになった」という状況判断は間違いであった。また、S／C圧力計は、数時間前からD／W圧力の半分程度を維持し続けた後、6時2分に突然ゼロに急落している。S／C圧力がD／W圧力の半分しかない状態が続いていたということも、物理的に考えにくい状態である。それらの理由から、この頃のS／C圧力計は信用できず、その数値は誤ったものであったと考えられる。

それから1時間余り経過した7時20分、D／W圧力は0.63MPaを記

録した。それから4時間以上記録が中断した後の11時25分には、0.056MPa（約0.57気圧）という大気圧に近い値にまで急落していた。この間に格納容器は、これまで以上に大きな損傷を生じた可能性が高い。

最大の放射性物質漏洩

その後、正門付近の放射線量は、15日および16日に非常に高い値を示し、ピークには毎時10000μSvに達した（15日午前9時頃）。そして、3月15日から16日にかけて放射線の最も高い状態が続いたが、15日夕方からは、運悪く風向きが海から陸に向かうやや強い南東風に変わっていた（図2－13）。また夜には、時間雨量1.5mm程度の冷たい雨が6時間以上降った。そのため、原子力発電所より北西方向にあった地域に大量の放射性物質が降下し、その後の深刻な放射能汚染を引き起こした。原子力発電所から北西方向の飯舘村や浪江町などにとって

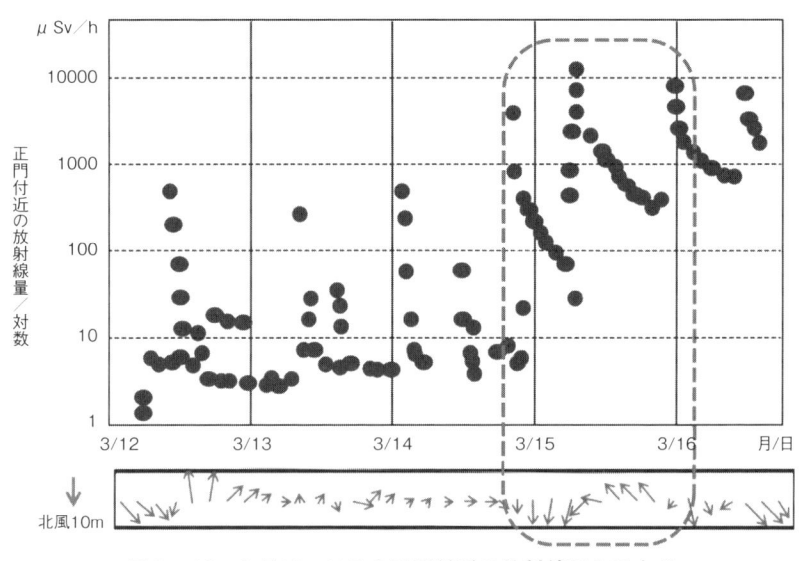

図2－13　3月12～16日の正門付近の放射線量と風向き

(出所) 原子力安全・保安院「2011.12.27 閉じ込め機能に関する検討」

は、不運な気象条件が重なっていた。

11時25分、前述のようにD／W圧力は、大きく低下していることが判明した。そのため、福島第二原発に退避していた人員を、グループマネージャー（副部長）クラスから順次、発電所対策本部に復帰させた。

なお2号機では、原子炉建屋にあるブローアウトパネル（小窓をふさいでいる板）が1号機の水素爆発の衝撃で脱落したため、窓が開いて水素が建屋外に放出され、その結果水素爆発も起こらなかった、という幸運があった（図2－14）。

ブローアウトパネルが脱落した後の窓から水蒸気が出ている。
図2－14　2号機

エアフォトサービス

6　4号機の状況

水素爆発

定期点検で運転停止中であった4号機は、15日6時10分頃水素爆発を起こした。原因は、3号機のベント操作の際に排出される水素が、共通排気塔への経路の途中から4号機原子炉建屋2階に逆流入したためであった。2階から流入した水素は、空間体積の小さい4階部分（5階部分の約5分の1の体積）に滞留し、爆発が起こったとみられている。

使用済み燃料プールへの放水

4号機は、使用済み燃料の保管本数が1～4号機中最大だったの

で、当初は放水が最優先のプラントと考えられていた。しかし、16日午後、自衛隊のヘリコプターに東電の社員が同乗し偵察を行った結果、4号機では使用済み燃料プールの水量が確保され、燃料は露出していないことが確認された。その理由は、次のとおりである。まず、4号機は定期点検中だったので、使用済み燃料プールと壁（ゲート）一枚隔てた原子炉ウェル側にも水が張られていた。次に、事故後、崩壊熱によって使用済み燃料プール側の水位が低下してきたところで、ウェル側との水位に大きな差が生まれた。そして、その水圧によって、両者を隔てているゲートの密閉性が失われ、ウェル側から使用済み燃料プール側に水が流入した、ということである（図2-15）。

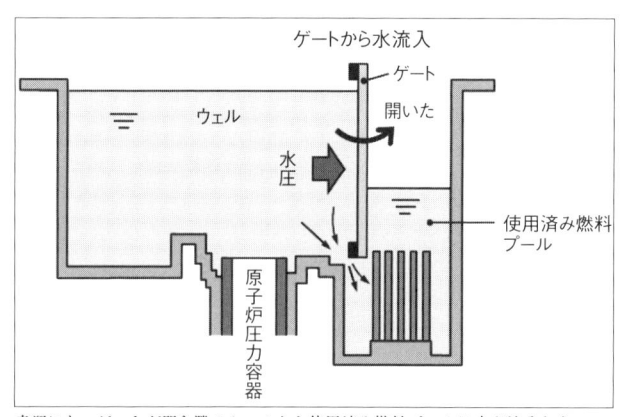

幸運にも、ゲートが開き隣のウェルから使用済み燃料プールに水が流入した。
図2-15　4号機使用済み燃料プールの状況

4号機の使用済み燃料プールに、もしこの"幸運"がなかったとしたら、そして安定的な放水が行われるようになった3月20日頃まで放置されていたとしたら、使用済み燃料プール内の燃料はどのような状況になったのか、そして最悪どのような被害が起こり得たのか。この疑問に対する専門家の今後の検討が待たれるところである。

　自衛隊や東京消防庁の放水車により、17日から3号機への放水が始まり、続いて20日からは、4号機にも放水を開始した。3月22日からは、約60mのアームを持ったコンクリートポンプ車（通称"キリン"）を用いて確実に放水できるようになった（図2-16）。"キリン"により、22日から4号機に、27日からは3号機にも放水が行われた。これによ

り安定的に放水が行われるようになったため、消防車などは順次不要となっていった。それ以降、コンクリートポンプ車のみが用いられ、6月に至るまで活躍した。

コンクリートポンプ車（"キリン"）は、使用済み燃料プールの当面の危機を解決した（4号機）。

図2-16　コンクリートポンプ車の活躍

7　事故は避けられたのか

海外では行われていた安全対策

　海外では行われていたにもかかわらず、日本では"安全神話"の下に行われていなかった安全対策が数多くある。以下に示す6つの事例は、いずれも過酷事故に備えた優れた安全対策である。

①非常用電源

　アメリカ・ブラウンズフェリー原子力発電所（MARK I 型）。計器を8時間読み取れるよう移動式の直流電源（バッテリー）が準備されている（図2-17）。

②防水扉

　同じくブラウンズフェリー原子力発電所。

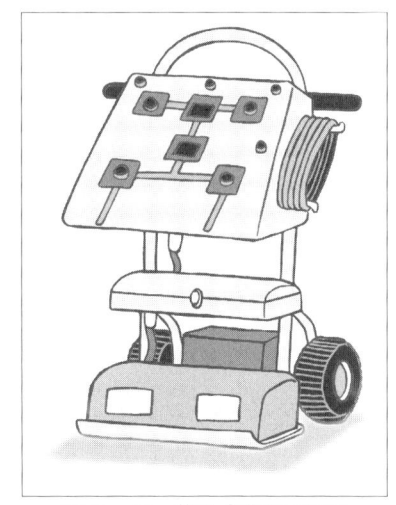

図2-17　移動式非常用電源

非常用ディーゼル発電機は、厳重な水密扉の部屋の中に設置されている。

③ＩＣ弁の手動ハンドル

アメリカ・ミルストン原子力発電所（MARKⅠ型）。

福島第一原発１号機のＩＣ弁は、格納容器の中にあるものについては、手動では開けられない。しかし、ここでは電源喪失時に手動で開ける訓練が行われている。

④シュノーケル

アメリカ・ディアブロ・キャニオン原子力発電所（PWR、加圧水型原子炉）。吸気口は、シュノーケルで高さ13.5mにまでかさ上げされている（図２－18）。

⑤ベント用フィルター

スイス・ミューレベルク原子力発電所（MARKⅠ型）。多くの放射線物質を濾過できるよう、薬液入りの水を通してベントを行うシステムを準備している。薬液の投入には電力を必要とせず、重力で注入されるそうである。

⑥独立非常用冷却設備

上と同じく、ミューレベルク原子力発電所。GE設計の冷却システムに加えて、まったく独立した別の非常用冷却設備一式を、建屋ごと独立させて追加している。その建屋の内部には、

13.5mまでの津波に耐えられるよう設計されている。
図２－18　シュノーケル吸気口
パシフィックガス＆エレクトリック社

水密化された部屋の中に、非常用ディーゼル発電機や電源盤が設置されている。

　以上の海外での安全対策を見ていると、日本の"安全神話"とはいったい何だったのか、と言いたくなる。日本の原発技術は、材料技術、機器の信頼性および地震対策などの面で優れていたと思われる。しかし、それらのほとんどは「小さな事故を起こさない」ための技術であり、ある程度の規模の事故が起こってしまった後の「減災のための安全技術」は含まれていなかった。
　つまり、日本は「小さな事故を起こさないためには神経を集中させてきたが、いったん事故が起こった後のことを十分には考えてこなかった」と総括できるように思う。

ありえた現実的な対応策

　津波対策と言えば、「防潮堤を高くして防ぎ切るしかない」と単純に考えるのは間違いである。「わずかな浸水も許さない」というのではなく、視点を変えて、炉心損傷に至る過酷事故を「ギリギリにでも防ぐことができなかったのか」と考えてみる必要がある。すると、配電盤やバッテリーの水没、エア（圧縮空気）の枯渇、水位計の機能喪失など、いわば「周辺部」や「神経部」とでもいうべき主要部以外の設備にも多くの原因があったことがわかる。
　それらの安全対策は、仮に実施していたとしても、比較的低コストで実施できる内容が多かったと考えられる（図２－19）。「比較的容易に実施できたはずの、過酷事故を防ぐための最低限の対策」とは何だったのか、という視点から、下記の５つの課題を指摘したい。

①配電盤の設置場所の多様性確保

　今回の事故では、配電盤の設置場所の「多様性」の欠如が、「深層

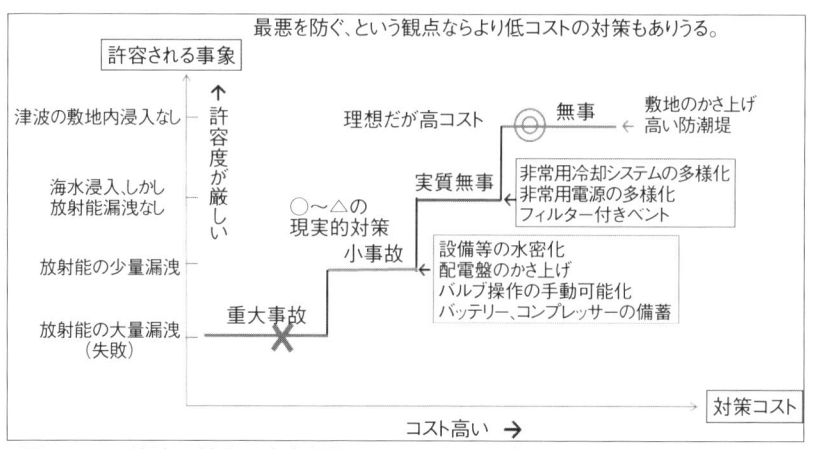

図2－19 津波に対する安全対策のコストと、許容される事故の過酷度の関係

防護」(次章第1項参照) を失わせる決定的な原因であった。配電盤の配置の分散化・多様化を図っておくべきだった。

なお、「多様化」とは、設備の種類、駆動源および設置場所などについて異なる複数の設備を準備することによって、安全を確保しようとする考え方である。これは「単一原因」でシステム全体を故障させない狙いがある。それに対し、同じ種類の設備を複数準備することによって、1台が故障しても他でカバーさせる「多重化」という考え方もあるが、「多様化」のほうがより高度な安全対策と言える。

非常用電源設備の安全基準については、アメリカでは「多重化」と「多様化」の両方が要求されているが、日本ではいずれか一方で良いとされている。そのことが、今回の事故で、「単一原因」の浸水によって「多重化」された高圧配電盤が全滅してしまうという"致命傷"の遠因となった。

②直流電源喪失への準備

直流電源の喪失は、各プラントの制御・計測機能の不全を招き、事故対応への"致命的な"要因となった。1号機の非常用復水器がフェー

ルセーフ機能で停止したことも、直流電源の喪失が直接の原因である。結果論かもしれないが、せめて、どこのカー用品店にも置いてある12Vバッテリーの備蓄程度の対策は行っておくべきだった、と言わざるを得ない。

③建物の水密化
　建物の水密化によるコストはそれほど大きいわけではない。もし建屋全体が難しい場合でも、重要設備が設置されている部屋だけでも水密化すべきである。その場合のコストはさらに低くなるはずである。

④移動式エアコンプレッサーの備蓄
　事故時には、エアを供給するコンプレッサーが停止したが、このことがベント用エア駆動弁の開操作を手間取らせる主原因となった。エアコンプレッサーなどはコストも微々たるものであり、交流電源喪失時に稼働できる自家発電機付き・移動式のコンプレッサーを備蓄しておくべきだった。

⑤水位計の改善
　今回の事故のように、炉心損傷のため格納容器内が高温になると、水位計の基準面器が加熱され基準水面が低下してしまう、という基本的な問題が発生する。改善案については今後の検討を待たなければならないが、「平常時には機能するが、過酷事故時には役に立たない水位計」では話にならない、と言わざるを得ない。

事故回避の想定シナリオ
　もし適切な対応がとられていたら、あのような重大な事態を避けられたのではないか、という疑問は誰しも抱くところであろう。そこで、事故当時、仮に当事者により「ベストな判断」が行われていたと

すれば、下記の「逃がし安全弁の早期開放シナリオ」が実現できたかどうか、というテーマを考えてみたい。

逃がし安全弁（ＳＲ弁）の早期開放シナリオ

> 全電源喪失という非常事態が発生した後、原子炉内の冷却水がまだ十分ある間に、低圧代替注水が可能となるように、
> ①逃がし安全弁を開放して圧力容器を減圧し、
> ②格納容器圧力の上昇を抑えるため、適宜ベントを行い、
> ③消防車による注水を継続的に行えば、
> 今回の過酷事故は避けられたはずだ。

まず、当事者がこの「シナリオ」を選択し、冷却水がまだ十分にある状態でＳＲ弁を開くことには、冷却水の急激な減少を自ら招いてしまう危険性がある。したがって、その実施判断の前には、ＳＲ弁が開けられることはもちろんのこと、その後のベントや消防車による代替注水が確実に実施できることの確認が必要となる。そのためには、消防車、水源、バッテリー、コンプレッサーなどの機材の確保、それらと既存設備との緊急接続の可否および接続口の位置、各々の場所へのアクセスの可否、電源喪失下でのベントの方法、および必要人員の確保などに関して、確実な見通しがあることが必要条件である。事実それらは、程度の差はあれ、実際の事故対応時に障害となった要因ばかりである。

したがって、この問題に結論を出すためにはそれらの詳しい検証を行う必要があるが、ここではあえて「問題提起」という意味も含めて、筆者の現時点での見方を述べてみることとする。

①１号機
　非常用復水器（ＩＣ）がはじめから機能しておらず、事故初日の20

時頃には炉心損傷が始まっていた状況では、全電源喪失後、ただちに消防車による代替注水を目指していたとしても、「シナリオ」が実現した可能性はほとんどなかった、と思われる。

ただし、早期に「シナリオ」を目指していたとすれば、消防車からの代替注水やベントの開始時期が、実際よりかなり（数時間）早まった可能性は高い。その結果、炉心損傷の程度は軽減され、放射性物質の漏洩量をかなり低く抑えられた可能性や、水素爆発を回避できた可能性もある、と思われる。もし1号機の水素爆発が起こっていなければ、2および3号機での事故対応は1号機の水素爆発によって中断されずに進行できたので、まったく異なっていたと考えられる。

② 2号機

2号機では、全電源喪失から原子炉隔離時冷却系（RCIC）が停止するまでに、2日半以上の時間的な余裕があった。したがって、炉心損傷が始まる前の14日未明頃までに、「シナリオ」が実行できた可能性は高い、と考えられる。

③ 3号機

バッテリーとコンプレッサーに備蓄がなかったことは、3号機の事故対応での大きな障害となった。しかし、適切な指示があれば、それらの確保は、ともに12日中に実行できた可能性が高いと思われる。一方、3号機の事故対応作業は、1号機への対応とも重なっていたため、マンパワー上の制約等も検証しなければならない。しかし、その点については、筆者はそれを判断できるほどの情報を現在持ち合わせていない。

それらを勘案すると、3号機では、全電源喪失直後から適切な判断と指示があったと仮定すれば、確実とは言えないものの「シナリオ」が実現できた可能性は否定できない、と思われる。

以上から、福島第一原発全体としてみると、過酷事故は1号機のみに限定できた可能性もあると考えられる。

第3章

政府と地方自治体の失敗

福島第一原発事故は、直接的には地震・津波という自然現象に起因したものであったが、INESレベル7という深刻な原子力災害へと進展してしまったのは、事前の事故防止策や防災対策、事故発生後の東京電力（東電）による現場対処や政府の原子力災害対応などに著しい不備や弱点があったからである。

　事前の事故防止策・防災対策についていえば、たとえば、原子力安全・保安院（保安院）や東電などの津波対策・過酷事故（シビアアクシデント）対策は極めて不十分なものであり、大規模な複合災害への備えにも不備があり、格納容器が破損して大量の放射性物質が発電所外に放出されることを想定した防災・避難対策も講じられていなかった。

　東電の事故発生後の現場対処にも多くの不手際があり、そのほかにも政府や地方自治体の被害拡大防止策、モニタリング、SPEEDI（スピーディ、緊急時迅速放射能影響予測ネットワークシステム）の活用、住民に対する避難指示、被曝への対応、国内外への情報提供などに多くの問題・不備があった。

　本章では、これらのうち、政府や地方自治体の問題点を中心に分析・検証する。

1　事前対策の不備

講じられていなかった深層防護

　原子力の平和利用の促進と軍事転用への防止活動を推進するために、1957年にＩＡＥＡ（国際原子力機関）が設立された。ＩＡＥＡでは、原子力施設の安全確保のために、深層防護（Defense in depth）という考え方を推奨してきた。

　ＩＡＥＡは2006年に、欧州原子力共同体（EURATOM）や経済協力開発機構・原子力機関（OECD/NEA）、世界保健機関（WHO）など8つ

の国際機関と共同して、それまでの「原子力施設の安全」「放射性廃棄物管理の安全」及び「放射線防護と放射線源の安全」に関する安全原則文書を統合し、10項目からなる「基本安全原則」(Fundamental Safety Principles) を策定した。この基本安全原則においても、原則 8 で、原子力または放射線の事故の防止と緩和の主要な手段は深層防護にあることが謳われている。

　ＩＡＥＡによれば、「原子力プラントにおいて事故を防止し、かつ、事故が起こった場合に、その影響を緩和する第一義的な手段は、深層防護の考え方を適用することである。この概念は、組織に係るもの、行動に係るもの、あるいは設計に係るものを問わず、また、全出力、低出力あるいは様々な停止状態にかかわらず、安全に関連する活動のすべてに適用される」とされている (IAEA, Safety of Nuclear Power Plants : Design Specific Safety Requirements, Series No. SSR-2/1)。

　この深層防護は、次のとおり、5つのレベルからなっている。

第 1 防護レベル：このレベルの防護の目的は、通常運転からの逸脱と安全上重要な故障や失敗を防止することにある。そのためには、プラントが健全かつ保守的に立地、設計、建設、維持および運転されることが不可欠である。

第 2 防護レベル：このレベルの防護の目的は、プラントにおいて運転時に予期される事象が事故状態に進展するのを防止するために、通常運転状態からの逸脱を検知して制御することにある。そのために、設計において特定のシステムと仕組みを備えておくこと、安全解析によりそれらの有効性を確認すること、そして、そのような初期事象を防止するか、又はその諸影響を最小に止め、プラントを安全な状態に復帰させる運転手順の確立が必要である。

第3防護レベル：極めて稀にしか起こらないが、ある予期される運転時の事象又は制御できない初期事象が拡大して第2防護レベルでは制御できず、事故に進展しうることがあり得る。プラントの設計においては、そうした事故が発生しうるということを想定しておかなければならない。そのためには、炉心の損傷及びサイト外への重大な放出を防止し、プラントを安全な状態に復帰させるための安全の仕組み、安全システム、手順を準備しておく必要がある。

第4防護レベル：このレベルの防護の目的は、閉じ込め機能を確実にし、放射性物質の放出が可能な限り妥当な低いレベルに維持されることを確実にすることで、第3段階の防護の失敗から生じる事故の諸影響を緩和することにある。

第5防護レベル：このレベルの防護の目的は、十分に装備された緊急時管理センターの整備、プラント内外における緊急事態対応のための緊急時計画及び緊急時手続の整備により、事故の状態に起因して発生する放射性物質の放出による放射線の影響を緩和することにある。

以上の5層からなる深層防護の要点を整理すれば、表3－1のとお

防護レベル	防護の対象・目的
第1防護レベル	通常運転からの逸脱の防止
第2防護レベル	異常事象の検知・事故への進展の防止
第3防護レベル	設計基準事故時の影響緩和
第4防護レベル	過酷事故への対応
第5防護レベル	事故に起因する放射性物質の放出への対応

表3－1　深層防護の要点

りとなる。我が国では、こうした深層防護は多重防護とも呼ばれているが、問題なのは、第4レベル及び第5レベルの防護はこれまでほとんど考慮されることはなく、規制機関側においても事業者側においても、深層防護といえば、第3レベルまでの対策と認識されてきたことである。

　すなわち、第1から第3までの3つの防護レベルについては、これまで安全設計審査の指針類や技術基準などにおいてある程度対応されてきたが、第4レベル及び第5レベルについては、後述するように、前者は行政指導によるアクシデントマネジメントの評価・実施を通じて、また、後者は「原子力災害対策特別措置法」（原災法）などの枠組みの中で部分的に対応が図られてきただけで、ＩＡＥＡが求めるような水準のものとはなっていなかった。

　一方、ある程度の対応が図られてきた第1〜第3レベルについて言えば、後述のとおりアクシデントマネジメントの一環として、たとえば1999年までに福島第一原発においてディーゼル発電機の増設や空冷式発電機の導入が図られるなど第3レベルを意識した対応策が採られてきた。しかし、制御できない初期事象が拡大して事故に進展しうるということを想定したプラントの設計にはなっていなかった。この点でも、決して第3レベルまでの深層防護も十分に講じられていたとみなすことはできない。

原子力安全委員会の決定
　前述した深層防護の第4レベルに関係する、我が国のこれまでの過酷事故対策の問題点を見てみよう。
　原子炉施設には、起こり得ると考えられるインシデントや事故に対して、設計上何段階もの対策が講じられている。しかし、1979年のスリーマイル島原発事故や86年のチェルノブイリ原発事故は、原子力プラントにおいて設計基準を大幅に超えて炉心が重大な損傷を受ける過

酷事故が発生しうることを明瞭な形で示した。

　このため、1980年代から90年代にかけて、国際的に過酷事故対策に関する論議が始まった。そして、原子炉施設は設計基準の枠内で安全が担保できるように設置認可され、設計基準を超える炉心や核燃料が損傷を受ける重大事故が発生した場合は、過酷事故対策で対応するという、原子力プラントにおける安全性確保の基本的な考え方が国際的に確立された。こうして、その後、各国では過酷事故対策が推進されていくこととなった。

　我が国でも、この時期、過酷事故対策に関する論議が始まった。すなわち、スリーマイル島事故やチェルノブイリ事故について独自調査を進めてきた原子力安全委員会は、1987年に原子炉安全基準専門部会の中に共通問題懇談会を設置し、過酷事故対策の検討に着手した。その結果は、92年に報告書として取りまとめられた。

　原子力安全委員会は、この報告書を受けて1992年5月に、「発電用軽水型原子炉施設におけるシビアアクシデント対策としてのアクシデントマネージメント[ママ]について」を決定した。

　アクシデントマネジメントとは、上記決定文書によれば、「設計基準事象を超え、炉心が大きく損傷する恐れのある事態が万一発生したとしても、現在の設計に含まれる安全余裕や安全設計上想定した本来の機能以外にも期待し得る機能またはそうした事態に備えて新規に設置した機器等を有効に活用することによって、それがシビアアクシデントに拡大するのを防止するため、もしくはシビアアクシデントに拡大した場合にもその影響を緩和するために採られる措置」のことをいう。

　このように当時、過酷事故対策という用語は用いられず、アクシデントマネジメントという用語がそれに置き換えられたのは、過酷事故という言葉の語感にあった。つまり、過酷事故という用語には深刻さを感じさせる負のニュアンスがあることから、社会的な受け入れ易さ

を強く意識してアクシデントマネジメントという用語が用いられるようになったのである。

ところで、原子力安全委員会のこの決定は、その後の我が国における過酷事故対策とアクシデントマネジメントの基本方向を定めたという点で極めて重要である。その要点をまとめると、次の2つに整理できる。

①我が国の原子炉施設の安全性は、多重防護の思想に基づき厳格な安全確保対策によって十分に確保されており、過酷事故は工学的には現実に起こるとは考えられないほど発生の可能性は小さく、原子炉施設のリスクは十分に低くなっていると判断される。
②アクシデントマネジメントの整備は、この低いリスクを一層低減するものとして位置付けられる。したがって、アクシデントマネジメントは、原子炉設置者が自主的に整備することが強く奨励されるべきである。

つまり、我が国では、過酷事故が発生する可能性は極めて小さく、アクシデントマネジメントも事業者の自主的な取り組みとすれば事足りる、としたのがこの決定であった。次章で東電のアクシデントマネジメントの問題点について論じるが、同社のアクシデントマネジメントに著しい弱点があったことの遠因を遡ると、この決定に行き着く。

なお、この決定は福島原発事故発生という現実の前に、その有効性をまったく失ったことから、原子力安全委員会によって2011年10月20日に廃止された。廃止決定の文書の中で、同委員会は次のように述べている。

「今回の事故の発災により、『リスクが十分に低く抑えられている』という認識や、原子炉設置者による自主的なリスク低減努力の有効性について、重大な問題があったことが明らかとなった。特に重要な点

は、わが国において外的事象とりわけ地震、津波によるリスクが重要であることが指摘ないし示唆されていたにも関わらず、実際の対策に十全に反映されなかったことである。アクシデントマネージメントの整備については、すべての原子炉施設において実施されるまでに延べ10年を費やし、その基本的内容は、平成6年時点における内的事象についての確率論的安全評価で摘出された対策にとどまり、見直されることがなかった。さらに、アクシデントマネージメントのための設備や手順が現実の状況において有効でない場合があることが的確に把握されなかった」

　地震、津波によるリスクの重要性が指摘されていたにもかかわらず、実際の対策には十分に反映されなかったことや、アクシデントマネジメントがすべての原子炉施設において実施されるまで10年を要したなどと述べるなど、自省された率直な文章ではある。

放置された過酷事故対策
　原子力安全委員会が過酷事故対策を議論していた当時、発電用原子炉の安全管理を担当していたのは通商産業省であった。同省は、原子力安全委員会の決定を受けて、1992年7月に「アクシデントマネジメントの今後の進め方について」を取りまとめ、同時に「原子力発電所内におけるアクシデントマネジメントの整備について」と題する公益事業部長通達を発出した。この通達の趣旨は、過酷事故対策の必要性は認めるものの、原子力安全委員会の認識と同様、過酷事故対策としてのアクシデントマネジメントは、事業者の自主的取り組みとして推進するというものであった。

　通商産業省においてもアクシデントマネジメントが事業者の自主的取り組みとされたのは、次のような事情を背景としていた。

　第1は、訴訟リスクの回避である。すなわち、1970年代から本格化した原子力発電所の建設を巡って、各地で原子炉設置許可処分の取り

消しを求める行政訴訟が起こっていた。国側は、訴訟において現行規制で原子炉の安全は十分確保されているとの論理を展開した。そのため、新たに過酷事故対策を法令・規制要求事項とすると、現行の規制には不備があり、建設された施設にも欠陥があるということになってしまい、裁判の展開に悪影響が出るという判断があったのである。

第2は、我が国の原子炉の安全は、現行規制によって十分に確保されているという思い込み（マインドセット）である。

この思い込みに根拠を与えたのが、当時、取り入れられ始めた「確率論的安全評価法」によるリスク評価である。

確率論的安全評価（PSA）とは、原子炉施設の異常や事故の発端となる起因事象の発生頻度、発生した事象の及ぼす影響を緩和する安全機能の喪失確率及び発生した事象の進展・影響の度合いを定量的に分析することにより、原子炉施設の安全性を総合的・定量的に評価する方法である。これにより得られた我が国の過酷事故の発生確率は10^{-6}/炉・年程度というもので、これは当時、IAEAが目標としていた既設炉10^{-4}/炉・年、新設炉は10^{-5}/炉・年を下回っていた。そのため、現行規制で十分安全は確保されているという判断となったのである。

ところで、設計基準を超えて過酷事故を引き起こす原因事象には、「内的事象」と「外的事象」の2つがある。内的事象とは、原子力プラント側の問題、つまり機器の故障や運転員のヒューマンエラーなどのことをいい、外的事象とは、地震、洪水・津波・風・凍結・積雪・地滑りなどの「想定される自然現象」や飛行機落下・ダムの崩壊・爆発などの「外部人為事象」などをいう（原子力安全委員会「発電用軽水型原子炉施設に関する安全設計審査指針」）。

こうした設計基準を超える事象に対処するのが、過酷事故対策である。したがって、これらの内的及び外的事象は、本来はそれぞれが個別に検討されるべき性格のものであった。

通商産業省は、アクシデントマネジメントの検討に着手した当初は、故障やヒューマンエラーなどの内的事象から始めて地震などの外的事象にも取り組んでいくとの意向はあったが、電気事業者とのすり合わせの中で、外的事象の検討は先送りされることとなった。そのため、電気事業者によるアクシデントマネジメントは、内的事象の故障やヒューマンエラー対策のみが推進されることになった（図3-1）。

過酷事故対策	故障・人的エラー対策
	地震対策
	自然現象対策
	外部人為事象対策
	火災対策

図3-1　過酷事故対策の領域

　このように、原子力プラントの安全性は十分に確保されていると錯覚していた規制関係機関や電気事業者は、過酷事故対策としてのアクシデントマネジメントを外的事象まで拡大して推進しなかった。その結果、福島第一原発では、津波による電源喪失という事態への適切な備えがなされず、原子炉の冷却に失敗してしまった。

　過酷事故対策は、事業者の自主的取り組みに委ねれば済むのではなく、法令・規制要求事項とすべきものであったことを改めて示したのが今回の事故であった。

長時間の全電源喪失は考慮せず

　福島第一原発では、外部電源及びほとんどの内部電源が失われてしまったために、原子炉の冷却が不可能となり、過酷事故へと進展していった。

　もともと過酷事故対策の重要なものの一つに、全電源喪失に対する対策があった。全交流電源喪失事象は、Station Black Outの頭文字をとってSBOと呼ばれる。SBOとは、すべての外部電源及びプラン

ト内の非常用電源からの電力供給が途絶した状態をいい、原子力プラントの安全の確保への極めて深刻な脅威となる。

　そのため、我が国でも、これまで原子力安全委員会（1978年以前は原子力委員会）が策定する安全設計審査指針においても電源の確保は指針の項目の中に挙げられてきた。すなわち、1977年6月の原子力委員会の「発電用軽水型原子炉施設に関する安全設計審査指針」では、指針9において次のとおり定められていた。

　　指針9　電源喪失に対する設計上の考慮
　　　原子力発電所は、短時間の全動力電源喪失に対して、原子炉を安全に停止し、かつ、停止後の冷却を確保できる設計であること。
　　　ただし、高度の信頼度が期待できる電源設備の機能喪失を同時に考慮する必要はない。

　この指針には、その意義や解釈を明確にするために「解説」が付けられているが、それによれば、指針9は以下のように解釈されるものとされていた。
　「長期間にわたる電源喪失は、送電系統の復旧または非常用ディーゼル発電機の修復が期待できるので考慮する必要はない。
　『高度の信頼度が期待できる』とは、非常用電源設備を常に稼働状態にしておいて、待機設備の起動不良の問題を回避するか、または信頼度の高い多数ユニットの独立電源設備が構内で運転されている場合等を意味する」
　1990年8月に、「発電用軽水型原子炉施設に関する安全設計審査指針」は原子力安全委員会によって全面改訂されたが、電源喪失に関しては引き続き指針27で以下のように取り扱われていた。

　　指針27　電源喪失に対する設計上の考慮

原子炉施設は、短時間の全交流動力電源喪失に対して、原子炉を安全に停止し、かつ、停止後の冷却を確保できる設計であること。

また、指針27の「解説」では次のように説明されていた。
「長期間にわたる全交流動力電源喪失は、送電線の復旧又は非常用交流電源設備の修復が期待できるので考慮する必要はない。
　非常用交流電源設備の信頼度が、系統構成又は運用（常に稼働状態にしておくことなど）により、十分高い場合においては、設計上全交流動力電源喪失を想定しなくてもよい」
　原子力安全委員会の安全設計審査指針は、いわゆるダブルチェックに用いられるもので、そこに定められている事項は、厳密には事業者に対する法令・規制要求事項ではない。だが、事業者がそれらの事項を実施していない場合、規制関係機関が実施する審査にパスすることが難しくなる。したがって、電力会社にとっては、これは事実上の法令・規制要求事項となっていた。しかし、この指針27には、以下のような重大な問題点があった。
　すなわち、指針27に明記されている「短時間」の意味について、原子力委員会や原子力安全委員会では1977年以降、30分以下との理解が慣行化されてきた。そのため、指針27の要求は、30分間のSBO時に冷却機能を維持するために十分な蓄電池の容量への要求と解釈され、電力会社もそうした対応を行ってきた。
　また、指針は、外部電源の故障と内部電源の故障は独立な事象であるとの前提のもとに策定されており、両者が同時に失われるような事態が、また、配電盤がダメージを受けるような事態が発生するとはまったく考えられていなかった。安全設計審査指針の策定にかかわった関係者の明白な誤りであったというべきであろう。
　過去の安全審査において、「短時間」を30分と解釈する審査慣行の根拠や、長時間のSBOへの考慮が不要とされていることについて、こ

れまで原子力安全委員会において専門委員等から繰り返し質問がなされていたとされるが、この審査慣行や指針の妥当性が疑問視されるには至らず、長期間のSBOは考慮する必要はないという指針が改訂されることはなかった。かくも長きにわたって「長期間のSBOは考慮する必要はない」などという指針が存続したことは、規制関係者の怠慢と言わざるを得ない。

津波対策

　福島第一原発は、当初、3.122mの設計波高で設置が許可され、1号機から4号機4m盤に非常用海水ポンプ等の施設が、そして10m盤に原子炉建屋やタービン建屋などが建設された。この場合の3.122mという波高は、1960年のチリ地震津波を考慮したものであった。したがって、もともと津波の襲来を受けた場合、その遡上高が4mを超えると海水による冷却機能が喪失し、10mを超えると直流電源や非常用ディーゼル発電機本体などが機能喪失してしまう施設だった。

　その後、東電により津波想定の見直しが行われ、福島第一原発に来襲する津波の最大波高は5.7m（後の算定では6.1m）と改訂され、次章で述べるように、2002年には非常用海水系ポンプのかさ上げ工事が行われた。これにより、津波が来襲しても、4m盤に設置された多くの施設は浸水し損傷するものの、非常用海水系ポンプは被害を免れ、冷却機能は保持され炉心損傷は防ぐことができるものと考えられた。しかし、東北地方太平洋沖地震による実際の津波波高は10mを超え、原子炉の冷却機能は失われてしまった。

　1993年7月に北海道南西沖地震が発生し、奥尻島を中心に津波が来襲した。その被害が甚大であったことから、通商産業省は、その直後に既設原発の津波安全性評価の実施を指示した。これを受けて、東電は、翌94年3月に「福島第一及び第二原発の津波安全性評価報告書」を同省へ提出した。このように規制当局も1990年代から津波に対する

一定のリスク認識は持っていた。

　原子力プラントの安全設計審査指針策定の責務を負っている原子力安全委員会も、2001年7月に開始した「発電用原子炉施設に関する耐震設計審査指針」の改訂において、当初、地震随伴事象として津波対策を盛り込む構想を持っていた。同委員会事務局も津波対策を盛り込むことの必要性は認識していた。

　ところが、改訂作業に先立って、地震については原子力発電技術機構（業務がＪＮＥＳやエネルギー総合工学研究所などに移管されたことで2008年3月に解散）において真剣な議論が行われたが、津波に関して独立した検討は行われなかった。また、耐震指針検討分科会の委員に、津波の専門家は含まれていなかった。津波はあくまで、地震随伴事象であり、波源が決まれば、シミュレーションで波高が計算できるため、津波の専門家がいなくても地震の専門家がいれば津波問題はカバーできると考えられていたためであった。

　しかし、過去の津波被害や津波対策の歴史、津波対策の特性などの問題は地震の専門家だけでカバーすることは困難である。津波の専門家を委員に加えていなかったことは、当時の原子力安全委員会の津波問題の重要性についての認識の不十分さを示すものといえよう。

　原子力安全委員会の耐震設計審査指針の改訂作業は、5年の歳月を要して2006年9月にようやく完了した。最終的に改正された指針では、末尾の「8．地震随伴事象に対する考慮」の中で、施設周辺の斜面の崩壊とならんで津波が取り上げられ、「施設の供用期間中に極めてまれではあるが発生する可能性があると想定することが適切な津波によっても、施設の安全機能が重大な影響を受けるおそれがないこと」と記された。このように指針に津波対策が明文化されたことは評価してよいが、結局、新たな津波対策が打ち出される契機とはならず、東電も、また全国の電気事業者もそれまでの津波対策を大きく見直すことはなかった。

2　政府の緊急時対応の問題点

機能しなかった原災法に基づく緊急時対応

　深刻な原子力災害が発生した場合、被害の拡大防止と災害の収束のためには緊急時対応の当否が極めて重要となってくる。福島第一原発事故時の政府の緊急時対応については、たとえば3月12日早朝に現地視察を行ったことや、あたり構わず怒鳴り散らす振る舞いが目立った菅直人総理のリーダーシップの是非について一般の関心が高い。しかし、それよりも重要なのは、我が国における緊急時における災害対応が、全体として機能したか否かである。

　1999年の東海村JCO臨界事故の教訓から、同年、原子力災害に対する対策の強化を図るために「原子力災害対策特別措置法」（原災法）が制定された。これによって、原子力災害が発生した場合、現地に現地対策本部を設置し、内閣総理大臣から権限の委任を受けた現地対策本部長が中心となって事態の対応に当たるという仕組みがつくられた。同法に基づいて作成された「原子力災害対策マニュアル」（原災マニュアル）も、現地対策本部が中心となって事態の対応に当たることを前提に組み立てられていた。

　今回のケースを振り返ってみると、3月11日19時3分に、政府は原子力緊急事態宣言を発出するとともに、菅総理を本部長とする原子力災害対策本部（原災本部）を官邸に、現地対策本部を福島県大熊町のオフサイトセンターに、また、原災本部事務局を経済産業省緊急時対応センターにそれぞれ設置した。そして、原災マニュアルに沿って、現地対策本部を機能させるべく、その本部長となる池田元久経済産業副大臣、同対策本部の主要メンバー、東京電力の武藤副社長などがオフサイトセンターへ参集した。

　しかし、拠点となるオフサイトセンターの通信設備のほとんどが地

震により使用できず、施設も放射線に対する備えがなされていなかったために、同センターの施設自体の使用が困難となった。このため、現地対策本部は15日には福島県庁へ移転せざるをえなかった。こうして、現地対策本部は、初動段階で緊急時における司令センターとしての役割をほとんど果たすことができなかった。

このため、東京に設置された原災本部が、現地対策本部の担うべき業務を含め、災害対策の前面に立たざるをえなくなった。その際、関係省庁の幹部職員が参集した官邸地下の危機管理センター（すでに東北地方太平洋沖地震の発生に伴い災害対策本部が設置されていた）の機能が活用されずに、主として官邸5階（そして部分的に官邸地下中2階）において、菅総理を中心として重要案件の決定が行われた。しかも、菅総理は自らが積極的に情報収集に当たったり、事故現場へ視察に出向いたりするなど、自身が前面に出た形で原発事故への初期対応を展開した。

原災本部が機能せず、こうした初期対応が展開されてしまったのは、第一に、原災本部の事務局を担う役割にあった原子力安全・保安院（保安院）が、まったくその機能を果たすことができなかったことにある。保安院が所与の役割を果たすことができなかったのは、現地や東電から的確な情報を入手できなかったこともあるが、過去に経験した事故の規模を大きく超える、今回のような原子力災害への備えが態勢的にまったくできていなかった点にあった。

こうした状態を解消しようとして行われたのが、3月15日の東京電力本店内における福島原子力発電所事故対策統合本部（統合本部）の設置である。同統合本部の本部長には菅総理自らが就任し、海江田経済産業大臣と東電の清水社長の2人が副本部長に就任した。

統合本部の設置で何よりも大きかったのは、東京電力のテレビ会議システムを通じて福島第一原発の発電所対策本部とリアルタイムでやり取りが可能となり、プラントの状況や作業の進捗状況などの情報が

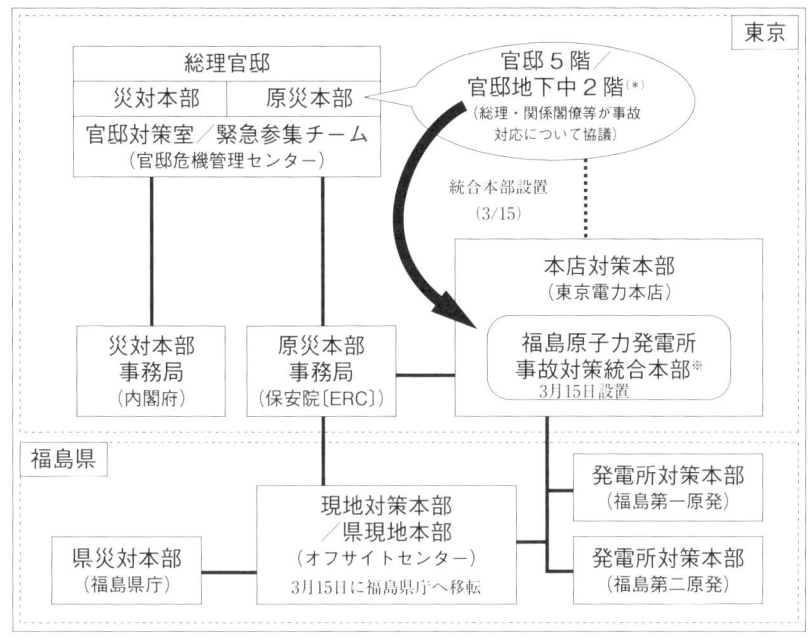

図3－2　福島第一・第二原発における事故対応等に関する組織概略図（3月15日以前）

※法律等によって災害対応の際の制度的位置付けがなされていない組織

(出所) 政府事故調「最終報告」

政府、東電、保安院の間で共有されるようになったことである。これ以降、この統合本部が、政府の原災本部に代わって、実質的な緊急時対策センターとしての機能を果たすようになった。

　以上のとおり、最初の数日間は原災法や原災マニュアルに規定のない官邸5階が、そして、3月15日以降は統合本部が一種の司令センターとなり、しかも、菅総理が前面に出た形で事故対応が展開された（図3－2）。現地対策本部や原災本部事務局が果たすべき役割を果たせなかったこと、官邸による情報集約態勢や原子力安全委員会の助言機能にも著しい弱点があったことが、こうしたいわば超法規的な事態を生じさせたと言える。

原災法は、一見よく練り上げられたように見える法律であるが、それはJCO事故といういわば局所的な事故を前提にして設計された法律であり、そもそも大規模かつ広域的、そして複合災害として発災した今回のような原子力災害への対応を想定したものではなかった。原災法とそれに基づく原災マニュアルが機能しなかったのも、ある意味では当然のことであった。

機能不全状態にあった規制関係機関
　原子力安全・保安院（保安院）は、発電用原子力施設に関する安全規制を担当し、実用炉等における原子力災害発生時には原災本部事務局として災害対応の中心的な役割を果たすべき組織であった。
　しかし、福島原発事故発生後の緊急事態対応において、①情報収集機能を適切に発揮することができず、官邸や関係省庁が求める必要な情報を適時適切に提供できなかったこと、②官邸に対して原子力災害の事態の進展と必要な対策、原災法などの法令の内容について説明・助言を行う役割を与えられていたが、それを果たせなかったこと、③SPEEDI情報を入手しながらも、放出源情報が得られない場合には避難に活用することはできないと解釈し、これを有効活用しようとしなかったこと（この点はSPEEDIを所管する文科省にも大きな問題があった）、④現地対策本部への委任手続きの未執行など原災本部事務局として果たすべき役割が果たせなかったことなど多くの不備を露呈させた。
　また、原子力災害の未然防止についても、過酷事故対策などの安全規制に関する中長期的課題に取り組む姿勢に欠け、結果として過酷事故対策を事業者に的確に実施させることができなかった点など、原子力安全の規制機関として、その所掌に相応しい役割をまったくといってよいほど果たしてこなかった。
　原子力安全に関わる知識や課題は発電所の現場に存在するため、規制関係機関がハイレベルな安全確保の能力を保持することは、必ずし

も容易なことではない。規制関係機関がその役割を果たすためには、電気事業者に勝るとも劣らない安全・技術に関する実務的かつ専門的知見に加えて、高度な審査・業務遂行能力が必要である。こうした能力は、単に規制・審査に当たる担当者個人の専門的な能力だけでなく、組織的・制度的に発揮される安全確保のための機能等も含んでいる。保安院は、この点でも極めて不十分な組織であった。

保安院の問題点を象徴するのが、オフサイトセンターの放射線対策の不備である。オフサイトセンターは、原子力災害発生時に緊急事態対策の中心となる現地対策本部の設置場所となるもので、福島第一原発のオフサイトセンターは、事故現場から約5kmの大熊町に設置されていた。

ところが、同原発から至近の距離に立地されていたにもかかわらず、同センターには、放射性物質を遮断する空気浄化フィルターが装備されていなかった。そのため、3月14日の3号機建屋爆発後に上昇した線量のために、関係者は同センターを退去せざるを得ない事態に追い込まれた。要するに、原子力災害を想定した施設であるにもかかわらず、その構造は放射線量の上昇を考慮したものになっていなかったのである。

総務省は、2008年1月から約1年をかけ、関係行政の改善に資することを目的に原子力の防災業務全般に関する行政評価・監視を行った。オフサイトセンターで行政評価の対象となったのは、全国22ヵ所のうち13ヵ所、そのうちEPZ（防災計画を重点的に充実させるべき原子力プラントから10km圏内の地域）内に設置されていたのは7センターであった。

総務省は、その評価作業を取りまとめた「原子力の防災業務に関する行政評価・監視結果に基づく勧告（第二次）」（2009年2月）の中で、福島を含む5センターで被曝放射線量を低減する換気設備が設置されていないことを指摘し、その改善を勧告した。

しかし保安院は、オフサイトセンターの気密性維持の方法や同センターに出入りする要員の入館管理方法等の整理を行うとの方針は決定したが、エアフィルターの設置等の具体的措置は講じず、この改善勧告を放置した。このように、安全神話に囚われていた保安院には、大規模な原子力災害の発生に備えるという発想自体が欠如していた。

現場に派遣されていた保安院職員の振る舞いにも大きな問題があった。すなわち、事故発生当時、福島第一原発には原子炉の定期検査などのために7名の保安検査官と1名の保安院本院職員が派遣されていた。事故発生とともに、そのうちの3名はオフサイトセンターに移動し、5名は第一原発内にとどまった。ところが、これら5名の職員は放射線量が上昇したことから、12日の未明にはオフサイトセンターへ退避した。

その後、第一原発内に保安院職員が誰もいないことを懸念した現地対策本部は、保安院職員の再派遣を決定し、4名が13日早朝には現場に到着した。しかし、これらの職員は、たとえば免震重要棟から出て注水作業の確認を行うなどの積極的な情報収集にあたろうとはせず、3号機原子炉建屋の爆発や2号機の状況悪化の中、現場にとどまった場合には自分たちにも危険が及ぶ可能性があると考え、現地対策本部の指示を得ないままで、14日17時頃には福島第一原発を脱出してしまった。これは、東京電力社員や下請け会社従業員が決死ともいえる対処活動を展開している中で、まことに責任感と自覚に欠ける行動であったと言わざるを得ない。

規制関係機関として重要なもう一つの組織は、原子力安全委員会である。原子力安全委員会は、保安院などの規制当局が行う安全規制について、その適切性を第三者的に監査・監視し、また、規制当局が行う安全審査をレビューするための評価基準として制定する活動を行ってきた。加えて、原子力災害が発生した際には、政府や地方自治体に対して技術的な助言を行うことを任務とした組織であった。

原子力安全委員会は、前述したように、我が国の原子炉施設の安全性は十分に確保されており、過酷事故は工学的には現実に起こるとは考えられないほど発生の可能性は十分小さく、原子炉施設のリスクは十分に低いという認識のもとにその業務を遂行してきた。この認識が誤っていたことは、福島第一原発において過酷事故が発生したことによって明らかとなった。このように、原子力安全委員会も、その所与の役割を適切に果たしてきたとは言い難い組織であった。

情報提供・広報の問題点
　広範囲に深刻な影響を与え、しかも刻々と事態が変化する原子力災害において、関係機関による国内外への情報提供の在り様は極めて重要である。
　情報発信の手段は、記者会見やホームページなど多様であるが、行政や専門家の判断を一方的に伝えることをリスクメッセージという。原子力災害の場合の情報発信においては、一般の国民にとって日常の生活とは無縁の、用語からして難解な技術情報や、放射線に関する情報が飛び交うため、一方的なリスクメッセージは、かえって国民の間に混乱と不信を生じさせるおそれがある。国民、特に周辺住民にとってどのような情報が必要とされているか、発信した災害情報が周辺住民や国民にどのように受け止められ、解読されているかなど実相を踏まえた情報発信が必要である。
　福島原発事故に係る広報は、当初、①内閣官房長官、②原子力安全・保安院、③現地対策本部（3月15日に福島県庁に移転して以降）、④福島県、⑤東京電力、の5者がそれぞれ独自に行っていたが、3月12日以降は、事前に官邸の了解を得て行われるようになり、また4月25日からは、政府と東京電力の広報が一元化され、統合本部においてプレス発表が行われるようになった。
　これら各組織による福島第一原発事故に関する情報提供の仕方に

は、避難を余儀なくされた周辺住民や国民に、真実を迅速・正確に伝えていないのではないか、との疑問を生じさせかねないものが多く見られた。特に放射性物質の拡散状況とその予測についての情報提供や炉心の状態、3号機の危機的な状況等に関する情報提供などがそうであった。

　また、放射線の人体への影響について、頻繁に内閣官房長官らによって「ただちに人体に影響を及ぼすものではない」などといったわかりにくい説明が繰り返されたことは、かえって国民の不安を高めてしまった。この場合の「ただちに」という言い方は、"現在は影響はないが将来的にはあるかもしれない"などという解釈を生じさせうる不適切そのものといえる表現であった。

　さらに、3月12日のプレス発表において炉心溶融の可能性に言及した広報担当の審議官を交代させ、かたくなに炉心溶融を否定するかのごとき広報に徹した保安院の広報の在り様は、いたずらに国民の不信を増大させるのみであった。

　このように、どのような事情があったにせよ、急ぐべき情報の伝達や公表が遅れたり、プレス発表を控えたり、わかりやすい説明が十分になされないなどの問題が重なったことは、周辺住民による適切な自主判断を妨げ、加えて「政府や東京電力は何か隠しているのではないか」などの国民の疑惑や不信をいたずらに招いてしまった側面があった。そういう点で、今回の情報提供・広報のやり方は、緊急事態時のリスクコミュニケーションの在り方として極めて不適切であった。

　広報の基本原則は、事実を迅速に、正確に、かつわかりやすく伝えるということにある。緊急事態時においてもこの原則を貫くことが、結果として周辺住民による適切な自主判断を助け、国民に不安感を抱かせたり混乱を生じさせたりしないためにも必要不可欠である。

3　地方自治体の緊急時対応の不備

情報不足で大混乱

　原災法第5条は、地方公共団体に「原子力災害予防対策、緊急事態応急対策及び原子力災害事後対策の実施のために必要な措置を講ずること」を求めている。つまり、地方自治体は、国の勧告・助言のもと、原子力災害の防止、緊急事態対応、事後対策などを具体的に実施する行政機関としての役割が期待されているのである。

　3月11日から12日にかけて、福島第一原発の事態の悪化に伴い、原子力プラントの全体状況を正確に把握できない切羽詰まった状況の中、政府の判断で避難や屋内退避を求める地域が次々と拡大されていった。政府の避難指示は、避難対象区域となった地方自治体すべてに迅速に届かなかったばかりか、その内容も具体性を欠いた不十分なものであった。

　そのため各自治体は、原発事故の状況について、テレビ・ラジオなどで報道される以上の情報を得られないまま、住民避難の決断と避難先探し、避難方法の決定をしなければならなかった。こうして、現場は大混乱に陥った。

　関係市町村の初期の避難状況を見ると、たとえば浪江町の場合、役場機能と原発付近の住民を、町内の遠隔地に避難させたが、15日にはそこも危険と通知され、二本松市に再避難を余儀なくされた。しかも、後で判明したことだが、その避難経路は放射性物質が飛散した方向と一致していた。また富岡町の場合、はじめは川内村に避難したが、次には川内村の住民共々、郡山市に再避難しなければならなくなった。

双葉病院の悲劇はなぜ起こったか

　福島県は、東北地方太平洋沖地震の発生直後、県庁舎に隣接する福

島県自治会館3階の大会議室に、知事を本部長とする福島県災害対策本部（県災対本部）を設置した。福島第一原発事故の発災以降は、同本部の中に、原子力班が設置され、原発事故の対応に当たった。しかし、未曾有の複合災害の発生を前にして、県災対本部は情報不足と混乱の中、緊急事態対応に多くの問題点と課題を残した。そのうちの一つが、避難区域内に取り残された双葉病院入院患者等の避難・救出問題である。

　福島第一原発に近接する大熊町の双葉病院では、3月12日早朝、発出された避難指示を受けて、自力歩行が可能な患者209名と病院長を除く病院スタッフが、手配された大型バスに乗って双葉病院から避難した。ところが、その時点で、双葉病院には、寝たきり状態の患者など約130名の患者と院長が、また、同院系列の介護老人保健施設のドーヴィル双葉にも98名の入所者と2名の施設職員が残留していた。

　県災対本部が、双葉病院とドーヴィル双葉に残留者が存在することを知ったのは、オフサイトセンターから救助依頼があった3月13日午前中のことであった。そこで、県災対本部は自衛隊に救助・搬送要請を行った。

　自衛隊の救援部隊は14日未明に現地に到着し、10時30分頃にドーヴィル双葉の98名の入所者と34名の双葉病院入院患者の搬送を開始した。スクリーニングを経て、一行が搬送先とされた「いわき光洋高校」に到着したのは、搬送開始から8時間経過した同日20時頃のことであった。

　高校側は、到着した患者の容態をみて、医師の付き添いもなく医療設備のない体育館で受け入れることは困難と考え、一旦は受け入れを拒否したが、いわき開成病院が医師の派遣を約束したことから受け入れを承諾し、同日21時30分過ぎから受け入れが始まった。その時点で、8名の患者が搬送中に死亡していたことが確認された。

　15日11時頃には、高い放射線量の中、自衛隊は双葉病院に残ってい

た47名の搬送を開始した。さらに自衛隊の別の部隊が11時30分頃7名を救助した。以上の54名の患者は、スクリーニング後、福島県立医科大学附属病院へ向かったが受け入れを拒否され、16日1時頃、伊達ふれあいセンターに搬送された。このグループの搬送においても2名の死亡者を出してしまった。

最後に、3月16日0時半頃、双葉病院別棟に最後まで残っていた35名の救助が始まった。この35名の患者の中からも、5名が搬送中に死亡した。

こうした悲劇が起こったのは、以下のような事情があったからである。

第1に、福島県の地域防災計画では、住民避難・安全班（避難用車両の手配等を担当）や救援班（残留患者の把握やその避難先病院の確保等を担当）などと、避難の担当部署が県災対本部内の複数の班にまたがり、かつ、その各班を統括できる班が存在していなかった。そのため、3月13日まで、避難区域内の入院患者を把握する役割はどの班が担うのかが明確になっていなかった。

第2に、県災対本部は、双葉病院患者の多くが寝たきり状態にあるとの情報を得ていながら、その情報を県災対本部内で共有していなかった。そのため、14日の搬送において、寝たきり患者の輸送には適さない乗り換えが必要となる車両が手配された。

第3に、県災対本部とは別に、県の保健福祉部障がい福祉課が独自に搬送先病院を手配していながら、そのことについて県災対本部と連絡が取られていなかった。そのため、搬送先が遠方の高等学校の体育館となってしまった。

第4に、14日夜、双葉病院長は、警察官と共に割山峠に退避して自衛隊の救出部隊を待っていたが、県警本部から連絡を受けた県災対本部内でこの情報が共有されなかったために、同院長らは自衛隊と合流できず15日の救出に立ち会えなかった。そのため、同日2回目の救出

に当たった自衛隊は、同病院別棟に35名の患者が残されていることに気付かず、患者はそのまま残された。

このように、福島県の災害対策本部は初期段階において、内部の任務分担や情報の共有という点で不備が目立ち、被害の拡大を防止するという点で十分な役割を果たしえなかった。

県の不適切な判断

そのほか、地方自治体による安定ヨウ素剤の配布を巡っても、福島県の対応には以下のとおり、不適切な点があった。

安定ヨウ素剤は、被曝に先立ってこれを服用すると、放射性ヨウ素が体内に取り込まれた後もそれが甲状腺に蓄積するのを防ぐ働きをする。そのため、2002年に原子力安全委員会が取りまとめた「原子力災害時における安定ヨウ素剤予防服用の考え方について」において、「災害対策本部の判断により、屋内退避や避難の防護対策とともに安定ヨウ素剤を予防的に服用すること」とされており、福島第一原発及び第二原発の周辺自治体などでは、事故前から安定ヨウ素剤の備蓄が行われていた。

三春町は、3月14日深夜、住民の被曝が予想されたことから、安定ヨウ素剤の配布・服用指示を決定した。そして、15日13時頃、防災無線などで町民に周知を行い、町の薬剤師の立ち会いの下、対象者の約95％に対し、安定ヨウ素剤の配布を行った。これを知った福島県保健福祉部の職員が、同日夕刻、三春町に対し、国からの指示がないことを理由に配布中止と回収の指示を出したが、三春町はこれに従わず回収を行わなかった。

確かに、安定ヨウ素剤の服用は、政府の災害対策本部の判断に委ねられているが、三春町が行った処置は住民の健康を守るという点で妥当な対応であったと評価できる。むしろ、国の指示がないことを理由に、三春町に回収指示を行った県の判断の方が不適切であったと言う

べきであろう。

　このように、被害の拡大防止に最も大きな役割を果たすべき地方自治体も、情報不足と混乱の中、多くの失敗を重ねてしまった。

4　失敗から学ぶ

　ノーベル経済学賞を受賞したハーバート・サイモンは、人間は合理的であろうとするが、その合理性には限界があるということを「限定された合理性」という概念で説明した（『新版　経営行動―経営組織における意思決定過程の研究』ダイヤモンド社、2009年）。つまり、人間の知的能力には限界があり、将来の不測事態をすべて予見することなどできないと言うのである。現実に発生したトラブルや事故から学び、認識の視野と範囲を拡大することは、こうした人間の限界を補うのに役立つ。

　1995年1月に阪神・淡路大震災が発生した。数千人規模の被害者の出た地震災害としては、48年の福井地震（死者3769人）以来47年ぶりの大災害であった。そのこともあって、村山富市内閣の緊急事態対応は迅速さと適切さを欠き、多くの批判を浴びた。

　それから16年後、東日本大震災の発災時には、自衛隊の迅速な投入が行われるなど阪神・淡路大震災の時の教訓が生かされた。また、東日本大震災の被災地では地震と津波で、電気、ガス、水道などライフラインが徹底的に破壊されたが、その復旧には全国の事業者の大きな協力があった。これも阪神・淡路大震災の際の経験が大きい。

　一方、福島第一原発の事故では、3基の原子炉で同時に問題が発生し、一つの原子炉の事故の進展が、隣接する原子炉の対処・対策に影響を及ぼしてしまった。ところが、これまでの我が国における過酷事故対策においては、複数の原子炉において深刻な重大事故が同時発生するなどとはまったく考えられていなかった。そのため、その対処に

おいて多くの課題と問題を残した。

　INES（国際原子力事象評価尺度）は、原子力施設で生じたトラブルが安全上いかなる意味を持つかを、レベル０から７までの８段階で簡潔に表示するものである。８段階のうち、安全上重要でない事象をレベル０とした上で、レベル１から３まではインシデント（incident）、レベル４から７までが事故（accident）に分類されている。インシデントとは、安全に影響を及ぼす、又は及ぼすおそれのある事象のことをいう。インシデントと事故とを分けるメルクマールは、人と環境への影響の大きさにある。発生したトラブルにより施設外へ影響が及び、被曝によって少なくとも１人以上の死者の出た事象から事故となる。

　福島第一原発事故が起きるまで、国内で発生した原子力トラブルのうち最も深刻なものは、1999年の東海村で発生したJCO核燃料加工施設における臨界事故（致死量被曝で従業員２名死亡）で、次いで1997年の旧動燃の東海事業所アスファルト固化処理施設における火災爆発事故（従業員37名被曝）であった。これらは、前者がレベル４、後者がレベル３と評価されたトラブルであるが、いずれも原子力関連施設で起こったもので、原子力発電所で起こったものではなかった。我が国の原子力発電所では、これまでレベル２以下のトラブルしか発生しておらず、ましてやそこから大量の放射性物質が放出されるといった事故は皆無であった。関係者の間で原子力の安全神話が生まれたのも、こうした現実があったからであろう。

　スリーマイル島事故やチェルノブイリ事故は、原子力発電所において、設計基準を超える過酷事故が発生しうるということを明瞭な形で示した。しかし、我が国ではレベル３以上の発電所事故は起こっていないということに胡坐をかき、過酷事故に対する現実感を喪失してしまっていた。過去の失敗から学ぶことの重要性を、あらためて浮き彫りにしたのが福島第一原発の事故だった。

第4章

東京電力の失敗と安全文化

1　過酷事故対策・アクシデントマネジメントの欠陥

指針に基づけば大丈夫という考え方

　第3章で述べたとおり、原子力安全委員会は1992年5月に「発電用軽水型原子炉施設におけるシビアアクシデント対策としてのアクシデントマネージメント〔ママ〕について」を決定し、事業者による自主的なアクシデントマネジメントの推進を推奨した。通商産業省も同年7月に、事業者に対して自主的取り組みとしてアクシデントマネジメントを推進するよう指示した。

　これらを受けて、東京電力（東電）は、その後約10年をかけてアクシデントマネジメントの整備を進め、2002年5月に福島第一原発、福島第二原発及び柏崎刈羽原発の「アクシデントマネジメント整備報告書」ならびに「アクシデントマネジメント整備有効性評価報告書」を取りまとめて経済産業省（2001年1月5日までは通商産業省）へ提出した。

　この時期、東電が実施したアクシデントマネジメントの主なものは、①原子炉及び格納容器への注水機能の強化など設備上のアクシデントマネジメント策の整備、②アクシデントマネジメント実施組織や実施態勢の整備、③事故時運転操作手順書やアクシデントマネジメントガイドなどアクシデントマネジメントの手順書類の整備、④アクシデントマネジメント実施組織における関係者の教育の推進、の4つであった。

　このように、福島第一原発においてもアクシデントマネジメントが実施されたが、その整備には1992年の通商産業省の指示から実に10年の歳月を要した。しかも、前章で述べたとおり、過酷事故の原因事象が内的事象に限定されていたため、自然災害などの外的事象に対する備えはアクシデントマネジメントの対象外とされた。

　ところで、東電は、2002年までの取り組みをもってアクシデントマ

ネジメントの整備は終了したとして、その後は、国内外の原子炉施設における事故や新しい知見を踏まえて随時必要な対策を講じる、いわゆる"水平展開"に対策の重点を移した。たとえば、2007年7月の新潟県中越沖地震の際に、柏崎刈羽原発において事務本館の損壊と変圧器火災の発生というトラブルが起こったが、この事案の水平展開として、08年2月までに福島第一原発へ化学消防車2台と水槽付き消防車1台が配置された。また、2010年には防火水槽が新たに複数個所に設置され、各号機のタービン建屋などに消火系につながる送水口が増設されるとともに、緊急時対策本部の事務本館から免震重要棟への移転が実施された。

　免震重要棟は、非常用発電装置を持ち、放射線防御も講じられている施設で、今回の緊急事態対処において、福島第一原発内における拠点として決定的に重要な役割を果たした。免震重要棟がなければ、福島第一原発における事故対処はもっと困難を極めたに違いなく、この点については評価されてよい。

　東電は、以上のように、2003年以降は水平展開は実施したが、外部事象対策を含め、それ以上のアクシデントマネジメントを推進しようとはしなかった。

　我が国のような地震多発国においては、地震や津波などの自然災害は、過酷事故の原因事象のなかでも特に注意が払われなければならない。しかし東電は、事前の想定を超えるような自然災害が発生した場合に備え、過酷事故対策によって原子炉の損傷を防止し被害の緩和を図るという、原子力安全の原則的考え方には立っていなかった。同社の自然災害対策の考え方は、一定規模の地震や津波などの自然災害を想定した上で、原子力安全委員会が策定した安全設計審査指針や耐震設計審査指針に基づいて原子炉施設を設計しておけば事足りるというものであった。

　こうした考え方のもと、東電においては（そしてまた全国の電気事業者

も同様であるが)、既設の原子炉施設について過酷事故対策を行うのではなく、耐震バックチェック（耐震安全性評価）を通して自然災害などに十分耐えられるのかどうかを再調査し、仮に耐性が十分でないと判断された場合は、対策工事を行うことで対応するという対処法が採られてきた。

　福島原発事故では、一度に3基もの原子炉で深刻なトラブルが発生した。浸水により全電源が失われた中で、それに対処する備えはまったくなされていなかった。安全は確立されているとの思い込みが、外部事象リスクの不確かさの過小評価につながり、発電所の稼働率重視という経営姿勢が、過酷事故のリスクを過小評価させてしまった。こうして、過酷事故への備えを不十分なままで放置してきたのが東電の実態であった。

アクシデントマネジメント策の実態

　それでは、福島第一原発において、実際に実施されていたアクシデントマネジメント策とはどのようなものであったか。ここでは、①電源喪失対策、②消防車による注水・海水注入策、③緊急時通信手段、の3つについて見ておく。

①電源喪失対策

　東電の電源喪失対策は、隣接する原子炉施設のいずれかが健全であるということを前提に組み立てられていた。つまり、何らかの要因により複数の原子炉施設が同時に故障・損壊し、隣接の原子炉施設から電源融通を受けられない事態となった場合の対処方策は、検討されていなかった。

　また、非常用電源についても、非常用ディーゼル発電機は設置認可時と比べて増設されてはいたものの、電源盤の"多様化"は図られていなかった。要するに、外部及び内部電源のすべてが、長期間にわたっ

て失われる全電源喪失という事態への備えはまったくなされていなかった。

そのため、そうした事態が発生した場合を想定した計測機器復旧、電源復旧、格納容器ベント、ＳＲ弁操作による減圧等のマニュアル類も整備されておらず、これらに関する社員教育も行われていなかった。また、福島第一原発施設内には、そうした作業に必要なバッテリー、エアコンプレッサー、電源車、電源ケーブルなどの資機材の備蓄も行われていなかった。

②消防車による注水・海水注入策の未策定

前述したように、新潟県中越沖地震の際に、柏崎刈羽原発において発生した火災事故の水平展開として、福島第一原発にも消防車が配備された。しかし、消防車を用いた注水策は、有用性が社内の一部で認識されていたにもかかわらず、アクシデントマネジメント策の中には位置づけられていなかった。

ましてや、海水注入については最悪の事態における採るべき選択肢の一つとしては認識されていたが、他方でそのような事態に至ることはないと判断され、具体化されることはなかった。また、消防車による消火系ラインを用いた代替注水を発電所対策本部のどの機能班ないしグループが実施するのかも明確になっていなかった。

そのため、福島第一原発において３月11日17時12分頃、吉田所長が、消防車を用いた代替注水を検討するように指示した際、各機能班長や班員の誰も、自分の班への指示とは認識せず、どの班もただちに準備に取り掛かることをしなかった。こうして、注水の準備だけでも２時間もかかってしまった。

また、消防車による継続的な代替注水の実施には水源の確保が必須であり、最終的には海水を水源とする必要も生じる。しかし、海水注入策の検討・整備も行われていなかった。そのため、３月12日に海水

を原子炉に注水する事態となった際、注水ラインの迅速な構築に困難をきたした。

なお、海水注入の遅れに関して、海水を注入すると廃炉とせざるを得なくなるが、東電が廃炉に躊躇したために遅れが生じたのではないのか、との指摘が一部にある。確かに本店対策本部においては海水注入に躊躇があったが、それは廃炉を恐れたからではなく、再臨界の可能性を危惧した菅総理の意向を忖度しすぎたことによるものであった。

③機能しなかった緊急時通信手段

福島第一原発に限らず、緊急時においては、各プラントで作業を行う者と発電所対策本部や中央制御室のスタッフとが情報を共有することが極めて重要である。そのためには、緊急時に使用に耐えうる通信手段の整備が必要不可欠である。

福島第一原発では、それまで連絡手段としてはPHSが常用されており、これが緊急時にも機能を果たすものと考えられていた。しかし、実際には、PHSの電波を集約する機器（PHSリモート装置）に搭載されているバックアップ・バッテリーの持続時間が約3時間であったことから、3月11日の夕刻以降、相次いでPHSが使用不能となった。

このため、各プラントで復旧作業等に当たっている所員と発電所対策本部及び中央制御室との間でのコミュニケーション手段が失われてしまった。その代替手段として無線機などが用いられたが、送受信可能な場所が限られるといった問題が発生するなど、緊急時対処の初期段階で情報のやり取りに著しい支障が生じた。

なお、東電では、原発施設におけるPHS関連の装置を含む伝送・交換用電源の蓄電池の最低保持時間を1時間と設定していた。これは、全交流電源喪失から1時間以内には各プラントからの交流電源の供給が復活するという想定に基づいたものであり、ここでも長時間に及ぶ

全電源喪失といった事態は考えられていなかった。

　ところで、アクシデントマネジメント策が不完全な形でしか講じられていなかったのは、なにも福島第一原発に限ったことではなく、福島原発事故が起きるまで全国の他の原子力発電所にも共通することでもあった。
　全国の電気事業者によって構成される電気事業連合会は、ホームページ上に「よくあるご質問」というメニューを設けているが、その中に最近まで、「起こり得ないとされる過酷事故（シビアアクシデント）に対して、なぜアクシデントマネジメントが必要なのか？」という項目が置かれていた（2013年1月20日現在）。
　この項目に対する答えとして、「原子力発電所では、設計、建設段階から運転管理に至るまで多重防護の思想に基づく厳格な安全確保対策を行ってきており、安全性は十分に高いものとなっています。アクシデントマネジメントの整備は、原子力発電所の安全性が十分に高いとの事実に安住することなく、その安全性を一層高めるための不断の努力が有益であるとの観点から、電気事業者が自主的に講じた念のための措置です」と記述されていた。
　アクシデントマネジメントは、本来ならば過酷事故対策の有力な切り札となるものである。しかし、上記のとおり、「原子力発電所の安全性は十分に高い」というのが全国の電気事業者の共通した認識であり、アクシデントマネジメントは「念のための措置」としてしか位置づけられていなかったのである。

2　東京電力の津波評価

　1993年7月に、奥尻島を中心に甚大な被害を出した北海道南西沖地震津波が発生した。この地震津波は、我が国における津波防災対策の

見直しの大きな契機となった。1997年3月には、建設省や運輸省、農林水産省など関係省庁の合同で、「太平洋沿岸部地震津波防災計画手法調査報告書」が公表され、新しい津波防災の考え方や検討方法が示された。

　これを受けて電力業界も津波評価の考え方を検討するために、電力共通研究（9電力会社など電気事業者の共通ニーズにより実施される研究）として「津波評価技術の高度化に関する研究」を実施した。そして、1999年には、原子力施設の津波に対する安全性評価技術の体系化及び標準化について検討することを目的に、土木学会原子力土木委員会に津波評価部会が設置された。

　土木学会津波評価部会は、前述したとおり2002年2月に、電気事業者の電力共通研究の成果をも取り入れながら、津波評価技術を取りまとめた（「原子力発電所の津波評価技術」）。これにより、たとえば福島第一原発では、想定する津波の高さが3.1mから5.7mへと見直された。また、提示された津波波高を算定する手法も優れたものであった。しかし、次のような問題点を含んでいた。

　すなわち、部会の検討作業の中で想定津波高さを超える津波の可能性を指摘する意見があったが、津波評価技術は、算定される津波波高を超える津波の襲来の可能性はないものとして取りまとめられた。また、提案する技術の適用範囲や留意事項が記載されていれば、その後の耐震設計審査指針の改定作業等において、津波問題に対して注意が払われた可能性があったと考えられるが、そうした技術の適用範囲や留意事項は記述されていなかった。

　津波評価技術は、概ね信頼性があると判断される痕跡高記録が残されている津波を評価対象にして想定津波波高を算定する。従って、過去300年から400年の間に起こった津波しか対象にすることができない。再来期間が500年から1000年の長い津波が起こっていたとしても、文献・資料として残っていないと検討されない場合が多い。津波

評価技術の背景となった「太平洋沿岸地震津波防災計画手法調査報告書」は、津波対策を対象としたものであったが、津波評価技術は津波高さを算定する技術であり、その津波高さを踏まえてどのように対策を講ずるべきかを示すものではなかった。

　ところで、1995年の阪神・淡路大震災の発災を受け、全国的な地震防災対策を推進するために、同年、「地震防災対策特別措置法」が制定された。そして、同法に基づき、行政施策に直結する地震調査研究を一元的に推進するために、総理府（2001年以降は文科省に設置）に地震調査研究推進本部（推本）が設置された。推本は、2002年7月に「三陸沖から房総沖にかけての地震活動の長期評価について」を公表したが、その中で「1896年の明治三陸地震と同様の地震は、三陸沖北部から房総沖の海溝寄りの領域内のどこでも発生する可能性がある」という知見が示された。

　原子力安全・保安院（保安院）は、2006年9月の原子力安全委員会の耐震安全性に係る安全審査指針類の改訂を受けて、翌07年に電気事業者に対して稼働中及び建設中の原子炉施設について津波評価を含む耐震バックチェックの実施を求めた。この指示に基づく福島第一原発及び第二原発のバックチェック作業の中で、推本の明治三陸地震と同様の地震が三陸沖北部から房総沖までのどこでも発生する可能性がある、との知見をいかに取り扱うかが問題となった。

　そこで、この知見が2002年の津波評価技術に基づく福島第一原発の安全性評価を覆すものであるかどうかを検討するために、東電は08年に津波リスクの再検討を行った。その結果、福島第一原発において10mを超える想定波高の数値を得た。また、東電は同年、いわゆる佐竹論文（佐竹健治・行谷佑一・山木滋「石巻・仙台平野における869年貞観津波の数値シミュレーション」『活断層・古地震研究報告』2008年）に記載された貞観津波の波源モデルを基に波高を計算し、9mを超える数値を得た。

ところが、東電は、前者については三陸沖の波源モデルを福島沖に仮置きして試算した仮想的な数値にすぎず、また、後者については波源モデルが確定していないなどとして、推本の知見を十分に根拠のあるものとは考えなかった。そのため、福島第一原発における津波対策の見直し・強化に着手することはしなかった。

　本来ならば、事業者が下したこうした判断に対して、保安院は原子力安全についての規制機関としての立場から、その適否について独自に検討すべきであったが、そうしたアクションはおこさず、東電の動きに特に異を唱えることもなかった。

　このように、2008年に津波対策を見直す契機はあったものの、それは津波対策の見直しには結びつかず、結果として今回の原発事故を防ぐことができなかった。東電も保安院も、さらに言えば原子力安全委員会も、津波による過酷事故発生のリスクを過小評価していたことが、今回の深刻な事態を発生させてしまったのである。

3　東京電力の事故対処の問題点

本店と原発の役割分担

　東電では、「原子力災害対策特別措置法」（原災法）第10条第1項に規定する特定事象が発生し、原子力防災管理者である発電所長が第1次緊急時態勢を発令した場合、各原子力発電所及び本店に緊急時対策本部を設置することとしていた。

　3月11日15時42分、吉田・福島第一原発所長は原災法第10条第1項が規定する特定事象が発生したと判断し、関係省庁、地方自治体、東電本店に通報を行った。これを受けて、東電本店及び福島第一原発に緊急時対策本部が設置された。すでに福島第一原発には、その約1時間前に、東北地方太平洋沖地震の発生に伴い、免震重要棟内に非常時災害対策本部が設置されていた。そこで、これら2つの対策本部はこ

の時点で統合され、以後、緊急時対策本部が緊急時対処の本部機能を果たしていくことになった。

　現地と本店の2つの対策本部の関係は、図4－1に示すとおりである。すなわち、現場に設置された対策本部（発電所対策本部）が緊急時対処の前線に立ち、本店の対策本部（本店対策本部）は重要事項について確認・了解を与えつつこれを支援するという役割分担となっている。

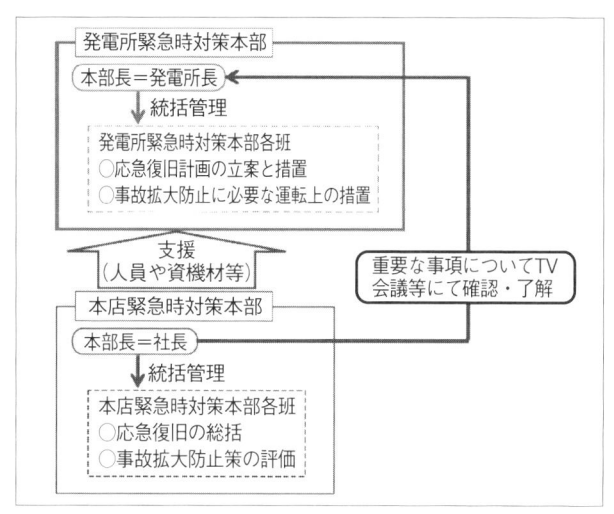

図4－1　東京電力の緊急時対策の体制

（出所）東京電力「福島原子力事故調査報告書」2012年6月20日

　福島第一原発における緊急時対処は、免震重要棟を除いて全所的に照明が失われてしまった中で、また、津波によって破壊された設備類や瓦礫などがあたり一帯に散乱する中で行われなければならなかった。加えて、早くも3月11日の夕刻以降、原子炉の損傷によって放射性物質が放出され始めたために原子炉周辺の放射線量が上昇してしまった。高い放射線量の中、いわば暗闇状態での事故対処を迫られたわけで、作業に当たった東京電力社員や下請け会社従業員などの辛苦は

政府事故調が2011年6月17日の福島第一原発視察の際に撮影
図4－2　免震重要棟・発電所緊急時対策本部

第4章　東京電力の失敗と安全文化　121

察してあまりあるものがある。

　しかし、こうした困難な条件下にあったということを考慮したとしても、東電の緊急時対処には大きな問題点があった。以下、その中で特に問題と思われる1号機の非常用復水器（IC）の作動状況についての誤認及び3号機の代替注水における不手際について述べる。

1号機ICの作動状態の誤認問題

　非常用復水器（IC）は、第2章で詳述したように、圧力容器内の水蒸気を復水器タンクで冷却して水に戻し、それをポンプを用いずに自然循環によって原子炉に戻すことを繰り返すことで炉心を冷却する非常用の冷却装置である。福島第一原発の1号機には、これが2系統備え付けられていた。

　このICが、正常に作動していたならば、1号機の炉心損傷に至る過程は違った展開になっていたであろうことは、第2章で指摘したとおりである。しかし、実際にはICは正常に作動しておらず、緊急時対策本部もそれが正常に作動しているものと誤認していた。

　この誤認が生じた最も大きな理由は、東京電力の本店を含めた技術関係社員のICの基本機能に関する知識の不足にあった。すなわち、ICのシステムは、直流電源喪失直後には、いわゆるフェールセーフ機能によってIC隔離弁が閉状態になる論理構成になっているにもかかわらず、発電所対策本部や本店対策本部に詰めていたスタッフの誰もそのことに気付かなかったのである。

　また、3月11日16時42分から16時56分頃までの間に原子炉水位が低下傾向を示したことや、17時50分頃には1号機の原子炉建屋付近が高線量であったためにICの起動確認ができなかったことなど、ICが正常に作動していないことを示す徴候が表れていた。これらを考慮すれば、ICのすべての隔離弁が全閉あるいはそれに近い状態となっておりICが機能していないこと、ないしは、その可能性が極めて高い

ことに気付くべきであった。しかし、対策本部のほとんどの者がそのことに気付かず、適切な指示及び現場対処を行わなかった。

　ただし、当直は同日18時18分頃の制御盤表示復活に伴う２Ａ弁及び３Ａ弁開操作を契機にＩＣ隔離弁が作動していないのではないかとの疑いを持ち、発電所対策本部に相談している。しかし、ＩＣの基本構成を理解していなかった発電所対策本部は、ＩＣの作動状況についての認識を変えることはなかった。

　政府事故調の福島第一原発関係者に対するヒアリングによると、ＩＣの作動を長年にわたって経験した者は発電所内には居らず、わずかにかつて作動したときの経験談が運転員間で口伝されていたにすぎなかった。ＩＣの機能、運転操作に関する教育訓練も一応は実施されていたとされるが、直流電源の喪失といった事態に対する教育訓練は行われていなかった。

　このように、事故対処の最前線に立つ発電所対策本部や、その支援を行う本店対策本部の関係者の間で、ＩＣの仕組みや機能が十分に理解されていなかった。また現場を担当していた社員も、その運転操作について習熟してはいなかった。

　炉心損傷を防ぐ手段として冷却を行うことは、何よりも優先事項のはずである。非常時においてその重要な役割を果たすことが期待されるＩＣの機能や取り扱い方法に関して社内がこのような状況にあったことは、原発を運営する原子力事業者として極めて不適切であったというしかない。

　ＩＣが機能不全に陥ったことから、１号機を冷却するために一刻も早い代替注水を実施することが必須となった。そのためには、原子炉容器の圧力を下げる減圧操作等が必要となった。これを行うために12日午前０時頃に準備指示が出された。しかし、実際に減圧作業が開始されたのは同日14時頃であった。

　つまり、減圧・注水の実施までに大幅に時間を要し、炉心冷却に遅

延を生じさせてしまったのである。ＩＣ作動状況の誤判断こそが、そうした遅れを生んだ最も大きな要因であった。

　全電源喪失という非常事態においては、何を差し置いても炉心冷却のための措置を採るべきであるにもかかわらず、発電所対策本部及び本店対策本部は、長時間にわたりＩＣの作動状況を誤認し、そのため代替注水を急がせなかった。その上、格納容器ベントの指示発出も遅くなった。換言すれば、ＩＣ作動状況の誤認が１号機対処の遅延の連鎖を招いたといえよう。

　こうして１号機は炉心冷却に失敗し、ひいては12日午後に原子炉建屋において水素爆発が発生した。このため、せっかく仮設されたケーブルが切断され、２号機および３号機の電源回復に遅れが生じてしまうこととなった。ＩＣの作動状況の誤認は、このように単に１号機のみならず、２号機、３号機の対処へも負の影響を及ぼしたのである。

３号機代替注水に関する不手際

　３月12日15時36分頃に１号機の原子炉建屋で水素爆発が起こって以降、各号機の炉心冷却の継続が、それ以前に増して切実な最優先課題となった。こうした中で起こったのが３号機の代替注水の不手際問題である。

　ある一つの方法による注水に問題が生じた場合には、間髪を入れずに、他の方法による注水に切り替えることが必要不可欠である。ところが、実際には、13日２時42分頃、十分な代替注水手段が確保されていないにもかかわらず、当直などの現場が代替手段をあらかじめ準備しないままで、３号機の高圧注水系（ＨＰＣＩ）を手動停止してしまった。

　しかも、バッテリー枯渇に対する対策が講じられていなかったために、バッテリー枯渇によってＨＰＣＩの再起動が不可能となり、代替注水のための減圧操作にも失敗してしまった。こうして、６時間以上

にわたって、原子炉注水が中断してしまった。さらに、幹部社員に対するこれらの事実の報告も遅れた。この結果、同日9時25分頃まで代替注水が実施されず、3号機の炉心損傷に至ってしまった。

加えて、上記のような判断を3号機当直及び発電所対策本部発電班の一部のスタッフのみで行い、幹部社員の指示を仰がなかったことは、緊急事態対処の在り方という点でも問題であった。仮に、HPCIを手動停止したとの情報が、発電所対策本部のレベルで共有されていたとしたら、代替注水手段を講じないままでHPCIを手動停止するといった当直等の誤った措置も、早期に是正し得た可能性もあったと考えられるからである。

不手際な対処のその後の事態への影響

第2章で詳述したとおり、3月12日15時36分頃に1号機原子炉建屋で、また14日11時1分頃に3号機原子炉建屋で水素爆発が起こり、2つの建屋が大きく損壊することとなった。この爆発が起こったのは、冷却の失敗による原子炉内の燃料損傷に伴い、水と核燃料を覆っているジルコニウムが反応することによって水素が発生し、それが圧力容器、格納容器を経て原子炉建屋に漏洩し、そこに充満してしまったからであった。

ところで、仮に、対策本部が1号機及び3号機の状況を正しく認識し、より早い段階で減圧・注水作業を実施していたとしたら、果たして、炉心の損傷を防ぐことができ、したがって水素も発生せず、爆発も起こらなかったのであろうか。

この点は、福島原発の事故の検証に当たって極めて重要な論点の一つであるが、第2章でも述べたように、その答えを得るためには炉心の状態や注水態勢の状況についてさらに詳細な検証が必要であり、現時点で評価することは困難である。ただし、より早い段階で減圧に成功し、消防車による代替注水が行われていれば、炉心損傷の進行を緩

和し、放出された放射性物質の量も低減していたことは間違いないと思われる。

発電所対策本部及び本店対策本部の問題点

　福島第一原発における緊急事態時の対応策の基本は、2002年5月の「福島第一原子力発電所のアクシデントマネジメント整備報告書」に記載されている。それによれば、緊急時の支援組織の役割について、「より複雑な事象に対しては、事故状況の把握やどのアクシデントマネジメント策を選択するか判断するに当たっての技術評価の重要度が高く、また、様々な情報が必要となる。このため、支援組織においてこれら技術評価等を実施し、意思決定を支援することとしている」となっている。

　つまり、支援組織である発電所対策本部の情報班、技術班、保安班、復旧班、発電班などの機能班は、必要な情報を十分把握して技術評価を実施し、当直長に対して助言や指示を行うことが期待されていた。

　前述してきた事例に沿って具体的に言えば、支援組織は、炉心冷却機能を有する1号機ICの作動状態に関する情報が、当直から入ればこれに基づきIC作動状態を適切に評価し、反対に情報が入らなければ、当直に連絡を取って積極的に情報を収集することが求められていた。しかし、実際にはそうした役割を果たすことはできず、発電所対策本部におけるICの作動状態についての誤認を是正させることができなかった。

　また、本店対策本部に置かれていた機能班も、それぞれの担当班が、テレビ会議システムなどを通じて重要情報を収集し、事故対処に追われる発電所対策本部とは異なる視点から情報を評価し、発電所対策本部の意思決定を支援することが求められていた。しかし、本店対策本部においても、各機能班の役割は十分には発揮されず、本店対策

本部から発電所対策本部に対して適切な助言・指示が行われることもほとんどなかった。

このように、本店対策本部及び発電所対策本部に設置されていた機能班は、期待されていた役割をまったくといってよいほど果たすことができなかった。特に、原子炉冷却の遅れという重大な問題に対して、効果的な助言・指示を行うことができなかったことは、福島第一原発における事前のアクシデントマネジメント整備の内容に大きな欠陥があったことを示すものであった。

全交流電源喪失のもとでは、バッテリー系の電源もいずれ枯渇せざるを得ない。いくら混乱の中にあったとはいえ、全交流電源喪失から1日以上経過した13日未明には、3号機のHPCIや原子炉隔離時冷却系（RCIC）などの作動に必要なバッテリーの枯渇について、福島第一原発関係者は懸念してしかるべきであった。そうした懸念があれば、発電所対策本部としては、HPCI等の作動に安住することなく消防車等を利用した早期の代替注水に取り掛かることも可能であったはずである。

また、12日未明には、瓦礫の撤去も完了したことで5号機及び6号機付近に放置されていた消防車を使用することも可能であったし、減圧のための主蒸気逃がし安全弁（SR弁）操作に必要なバッテリーの調達も可能だったと考えられる。

しかし、発電所対策本部は、その時点では、代替注水手段として電源復旧によるほう酸水注入系からの注水という中長期的な対処手段以外には準備・検討しておらず、3号機当直からHPCI手動停止後のトラブルの連絡がなされるまで、消防車を用いた代替注水に動くことはなかった。2号機についてはRCIC停止前の13日12時頃、吉田所長が代替注水準備の指示を行っていることから、事態さえ正確に把握していれば、3号機においてもそうした対応はできたはずである。3号機の代替注水が緊急を要するものであるという認識が発電所対策本

部に欠如していたことが、こうした対応の遅れを生んだと言わざるを得ない。

このように、発電所対策本部は、かつて経験したことがない未曾有の緊急事態に遭遇し、対応に困難を極めたことは理解できるとしても、その判断や所作には多くの問題を残した。本店に設置された対策本部も、発電所対策本部の支援という点では極めて不十分な役割しか果たさなかった。

4　東京電力の組織的問題

脆弱だった緊急時対応能力

東電は、福島第一原発の事故以前から、原子力発電に携わる者に対して法令上要求されるレベルの教育・訓練は実施していた。政府事故調は、調査活動の過程で多数の東電社員にヒアリングを実施したが、原子力部門のいずれの社員も、原子力技術などについて、プラントメーカーにも引けを取らないほどの豊富な知識を有していた。

ところが、今回の福島原発事故に対する社員の対処・対応を検証していくと、これまで述べてきたように、そのような知識が生かされたとは言い難いケースが数多く見受けられた。前述の１号機ＩＣの作動状況に関する誤認識などはその典型的な事例であるが、原子炉水位計についても同様のことが指摘できる。

事故当時、原子炉水位計の指示値が長時間にわたって変化を示さなくなったことについて、本店及び福島第一原発関係者の中で、原子炉水位が炉側配管入口を下回っている可能性があることを指摘した者はいなかった。もっとも、当時の記録によれば、基準面器水位が低下することによって原子炉水位が高めに誤表示される危険を指摘した者は存在した。しかし、原子炉水位計の指示値が変化を示していないことについて、原子炉水位が炉側配管入口を下回っている可能性を視野に

入れた評価・検討は行われなかった。

　また、CAMS（格納容器雰囲気モニタ）の仕組みやCAMS測定結果に関するアクシデントマネジメント上の評価に関する知識も豊富に有していたが、事故当時もその後も、測定結果を用いて、圧力容器や格納容器の健全性を推し測り、プラント状態の正確な把握に努めようとはせず、ただマニュアルに沿って炉心損傷割合を算定して原子力安全・保安院に報告するのみであった。

　以上のとおり、緊張を強いられる極めて困難な事故対処が続いたことは理解できるが、東電の緊急時対応能力には大きな弱点があったと言わざるを得ない。そして、このことは、現場におけるそれぞれの社員個々人の問題というよりは、同社がそうした能力の向上を図ることに主眼を置いた教育・訓練を行っていなかったことに問題があったというべきであろう。

　さらに緊急時対応能力の弱さの問題を遡っていくと、東電を含む電気事業者も国も、我が国の原子力発電所では炉心溶融のような深刻な過酷事故は起こり得ないという安全神話に囚われていたがゆえに、危機を身近で起こり得る現実のものと捉えられなくなっており、日常的に危機対応能力を培っていくという点で、決定的に弱さがあったということにいきつく。

　今回のような過酷事故に対応できる社員の資質や能力は一朝一夕に修得できるものではなく、型どおりの机上訓練などで育成されるものでもない。事故対処に当たって求められる資質・能力は、教科書的な知識のみならず、それを超え、入手した情報から様々な可能性を考えて取捨選択し、その時点で最善な方法を判断し、そして実行する力である。

　東電は、原子力安全に関し第一義的な責任を負う事業者として、これまでの教育・訓練の内容を真摯に見直し、社員は言うまでもなく、下請け会社の従業員も含め、原子力発電に携わる者一人ひとりに対

し、事故対処に当たって求められる資質・能力向上のための取り組みを抜本的に強化する必要がある。

専門職掌別の縦割り組織の弊害

　東電は、原子力災害に組織的・一体的に対処するため、防災業務計画やアクシデントマネジメントガイドにおいて、緊急時災害対策本部などの仕組みを講じ、その中に発電班、復旧班、技術班などの機能班を設けていた。しかし、これらの機能班は、与えられた所掌をこなすことには尽力するが、事態を見渡して総合的に捉え、その中に自らの班の役割を位置付け、必要な支援業務を行うといった能力が不足していた。

　他の電力会社にも見られることでもあるが、東電の社員は、ふだんから自他を「運転屋」「安全屋」「電気屋」「機械屋」などと専門分野ごとに区別し、それぞれの役割を細分化する傾向にあった。中には広く浅く多くの分野を経験して幹部となっていく者もいるが、原子力部門の社員の多くは、特定の分野に長期にわたって携わる「○○屋」であった。そうした社員は、自分の専門分野に関する知識は豊富であるが、一方で、それ以外の分野については密接に関連する事項であっても十分な知識を有しているとは言えない状況にあった。

　このような人材によって組織が構成されれば、一人ひとりの視野が狭くなり、平時には問題なく組織が動いているように見えても、今回のような緊急事態時には、その弱点が顕在化してしまう。つまり、問題点を総合的、横断的に俯瞰して捉えることができなくなり、何が重要で、何を優先すべきかについての組織の意思決定があいまいとなり、対処に遅延が生じてしまうのである。

　たとえば、吉田所長が、3月11日の早期から消防車による注水の検討を指示していたが、あらかじめマニュアルに定められたスキームではなかったため、各機能班、グループのいずれもが自らの所掌とは認

識せず、その結果、12日未明まで実質的な検討がなされず、時間のみが経過してしまった。これなどもこうした弱点が顕在化した典型的な事例といえよう。

また、ＳＲ弁開操作についても、電源がある場合には中央制御室における制御盤上の操作のみで足りるため当直が操作すればよいが、電源喪失時には復旧班が制御盤裏にある接続端子に合計120Ｖのバッテリーをつなぎ込む必要が生じる。そのため、14日夕刻以降の２号機ＳＲ弁の開操作の際、当直が行うのか、復旧班が行うのかについて混乱が生じた。これなども縦割り組織の弱点が顕在化した一例である。

過酷な事態を想定した教育・訓練の欠如
前述したように、発電所対策本部及び本店対策本部内の機能班が十分に役割を果たし得なかった要因の一つは、縦割り組織の弊害にあった。これに加えて、機能班の機能不全を招いてしまった要因として、これまで東電においては、複数号機において全交流電源が喪失するといった事態を想定した十分な教育・訓練が行われていなかった点も挙げられる。

東電の事故時運転手順書のいずれを見ても、複数号機においてスクラム後、全交流電源が喪失し、それが何日も続くといった事態は想定されておらず、それらは数時間、１日と経過していけば、交流電源が復旧することを前提としたものとなっていた。しかも、交流電源はどのように復旧していくかのプロセスについては明示されていなかった。このように、一見すると詳細に手順を書き込んでいるように見えても、それはどこかに漏れがある、不完全なものであった。

東電が2002年に作成した「アクシデントマネジメント整備報告書」を見ても、たとえば「すべてのAC電源が喪失する事象では、事象の進展が遅く、時間的余裕が大きいことから」とわざわざ規定しているが、なぜ事象の進展が遅くなるのか、その根拠は明らかにされていな

い。このような不十分な手順書を用意し、これを周知・徹底したからといって、対処できるのはごく局所的に電源喪失が起こった場合に限られてしまうであろう。

　訓練についても、たとえば、福島第一原発では2011年2月下旬に、原災法の第10条通報を想定したシミュレーション訓練が行われた。地震の発生により1つのプラントで外部電源が喪失し、変圧器が壊れ、次いで非常用発電機が起動せず、交流電源が喪失するといった事象が段階的に進行する、という想定の訓練であった。

　しかし、この場合も、一定の時間が経過すれば、非常用ディーゼル発電機が復旧するということが前提とされており、それまでの間をいかにして切り抜けるかが模擬されたにすぎず、今回のような極めて深刻な事態を想定したものではなかった。ましてや、配電盤が被水して、内部電源が失われるなど、まったく考えられていなかった。

　東電は、地震・津波で福島第一原発のほぼすべての電源が失われたことについて想定外であったと主張するが、それは根拠なき安全神話を前提にして、外部リスクの不確かさを過小評価していたにすぎず、その想定の範囲は極めて限界のあるものであった。そのような想定に基づいた教育・訓練をいくら実施したとしても、それは緊急時対処能力の向上につながるものではなかった。

過度の下請け依存体質

　福島第一原発内では、これまで、消防車及び重機の操作は協力会社と称される下請け会社が行うものとされてきたが、緊急時・異常事態時の取り扱い方については具体的には取り決められていなかった。また、そもそも今回のような緊急事態が発生した場合に、被曝の危険を伴う困難な作業を行うことについて、契約内容の中には定められていなかった。換言すれば、下請け会社との業務契約においても、過酷事故が発生するなどといったことは、まったく前提とされていなかっ

た。

　3月11日の日暮、津波が引いた後の福島第一原発内は至る所に設備の残骸や瓦礫が散乱し、人の行き来や車両の通行に著しい支障が生じた。このため、重機でこれら障害物を撤去しようとしたが、バックホー等の重機を運転するオペレーターが発電所内におらず、急遽下請け会社に社員の派遣を求める事態に追い込まれた。下請け会社は、東電の要請が業務契約の範囲を超えており拒否することもできたが、これまでのいわば主従の関係もあって、そうした要請に応えて困難な作業に従事した。

　東電の過度な下請け依存の弊害は、次の事例にも見られる。すなわち、消防車注水に際して、それまで消防車の操作をすべて南明興産などの下請けに任せていたことから、東電社員のみでは運転操作が行えず、注水の開始が遅れるという事態を招いてしまった。つまり、必要な機材は配備されていたのに、その操作を行うことができず、迅速な初動活動が展開できなかったのである。

　このように、過度の下請け依存体制ができあがり、東電社員にはプラントの保守管理に係る技術力や、緊急時における作業を遂行するための実務能力などが低下するといった事態が生じていた。

不十分だった東京電力の安全文化
　第3章で触れたIAEAの基本安全原則の原則1は、「安全のための第一義的な責任は、放射線リスクを生じさせる施設と活動に責任を負う個人または組織が負わなければならない」としている。つまり、原子力安全に対する第一義的責任は、原子力に係る個人及び事業者などの組織にあるとされている。

　また、原則3においては、「関係するすべての組織と個人の安全に関連する姿勢と行動を支配する安全文化は、マネジメントシステムに組み込まれなければならない」と謳われ、安全文化を定着させること

の重要性が強調されている。さらに、安全文化に含まれる事項として、原則3では以下の3つが挙げられている。

――指導部、経営陣及びスタッフのあらゆるレベルの立場から、個人及び集団としての安全に対するコミットメント。
――あらゆるレベルでの安全に対する組織及び個人の説明責任。
――質問し学ぼうとする態度を奨励し、安全に関して自己満足を戒めるための手段。

　東電は、原子力発電所の安全確保に第一義的な責任を負う事業者として、国民に対して重大な社会的責任を負っているが、自然災害によって炉心に重大な損傷を生じる事態に対する事前の対策が不十分であり、福島第一原発が設計基準を超える津波に襲われるリスクについても十分な対応を講じていなかった。また、緊急時対処能力に脆弱な面があり、そのほかにも過酷な事態を想定した教育・訓練が不十分であったことなど、安全文化の徹底という点で多くの欠陥があった。
　警報付ポケット線量計（APD）は、原発作業員の被曝量管理に欠かせない装置である。福島第一原発には、それが約5000個備えられていたが、そのほとんどは津波によって壊れてしまった。そのため、すべての作業員に線量計がいきわたらず、東電は、事故後約1ヵ月近くにわたって多くの作業員をAPDを装着させずに業務に従事させていた。ところが実際には、3月12日から13日にかけての早い段階で、500個のAPDが柏崎刈羽原発から福島第一原発に送付されていた。
　政府事故調は、「中間報告」に対する国際的なピアレビューのために、2012年2月24日～25日に海外から5名の専門家を招いてディスカッションを行った。その席上で、ゲストの一人であるスウェーデン保健福祉庁長官のラーシュ・エリック・ホルム氏から指摘を受けたのがこの問題であった。

ホルム氏は、①事故発生から数週間の間、現場の下請け従業員に線量計を持たせずに作業をさせたこと、②線量計はなかったのではなく、柏崎刈羽原発などから届いていたにもかかわらず、東電社員がそのことに気付かず活用されなかったことの2点を挙げ、東電の安全文化の欠落を示すものだと厳しく批判した。

　国民と社会に対する情報開示という点でも、東電には大きな問題があった。たとえば3月11日19時のプレス発表で1号機、2号機とも冷却中とするなどの誤報を繰り返し、また、最も国民の関心の高い放射性物質の検出や漏洩については未公表扱いとし、情報提供を制限した。

　特に問題なのは、炉心損傷が起こっていたことを東電が公式に認めたのが、事故後2ヵ月が経過した5月12日になってからのことだった点である。こうした東京電力の情報提供のやり方は、「東京電力は何か都合の悪いことを隠しているのではないか」「本当のことを言っていないのではないか」など、国民の不信を高じさせる結果を招いた。この点でも、東電の安全文化には著しい欠陥があった。

　東電は、自社の安全文化に問題があったことを真摯に反省し、より高いレベルの安全文化を全社的に構築するよう抜本的な取り組みが必要である。

第5章

なぜ被害が拡大したか

今回の事故では、事故発生初期に発電所外へ放散した放射性物質による直接的な死者は出ていない。しかし、住民はほとんど情報が得られない中で次々と範囲が拡大された避難指示に翻弄された。また、病院や高齢者施設からの避難が円滑に行われなかったために、避難場所に辿りつくまでに多くの人が亡くなった。

　さらに、事故発生以来、避難生活を送る中で多くの人が亡くなっている。いわゆる震災関連死である。今後避難生活が長期化すれば、事故前とはまったく違った環境での不自由な生活が精神的・肉体的に大きな影響を及ぼし、さらに多くの人が亡くなる恐れがある。

　原発事故はすべてを崩壊させる。発電所そのものはもちろんだが、放射性物質が発電所外に漏出する事態となれば、その影響は周辺住民の健康そのものだけでなく、家族、地域、社会さえ崩壊させてしまうのである（図5-1）。

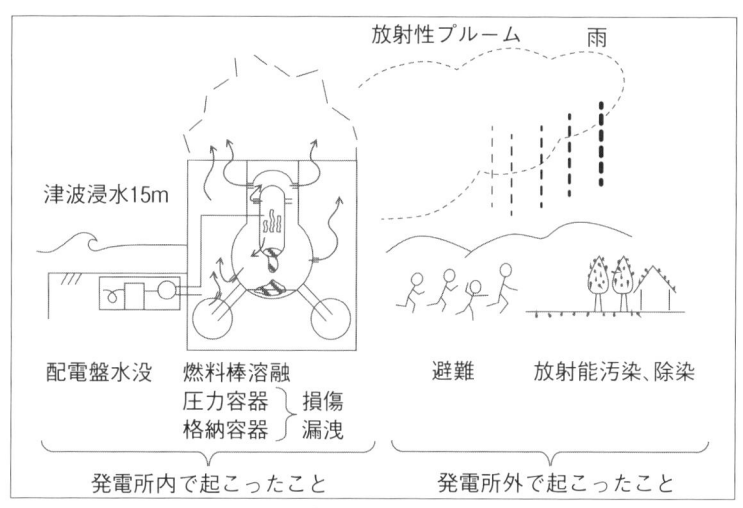

図5-1　福島原発事故で起こったこと

　本章では、福島第一原発周辺の住民が受けたさまざまな被害、今後の避難生活や除染について考えるとともに、原子力発電を正しく理解

するために必要となる放射性物質に関する基本的な知識にも触れる。

1 発電所周辺住民の避難

事前計画の不備

　今回の事故で行われた避難における最大の問題点は、原子力災害が発生したときに周辺地域にどのような事態が生じ、どのようなことが必要になるかという点について、事前に十分に計画されていなかったことである。また、第3章でも述べたように、現場の情報を収集し判断する、事故の際の最も重要な拠点となるべきオフサイトセンターがまったく機能せず、そのために避難指示の主体となるべき現地災害対策本部がきちんと機能しないまま、避難が行われたことである。

　国による避難指示は避難対象区域となった地方自治体すべてに迅速に届かなかったり、十分な情報が伝えられないなど、不備なものであった。広域に及ぶ原子力災害が発生したときは、地元の市町村だけでは対応が困難であるにもかかわらず、地震・津波の影響で連絡手段が限られ、各自治体が孤立したまま動かざるを得なかったことも問題の一つである。

発電所内での事故の推移と避難指示の発出

　住民避難がどのように行われたかを正確に理解するためには、原発内部で起こった現象と外部に放射性物質が放出された時期と量の変化、そして政府の原子力災害対策本部から避難等の指示が発出された時期との関連を見なければならない。次ページの図5－2はそれをグラフに表したものである。

　以下に原発内で起こったことと避難の経緯の関係を略述する。

　3月11日19時3分に菅総理は、福島第一原発における全交流電源喪失および非常用炉心冷却装置注水不能の原子力緊急事態宣言を発し、

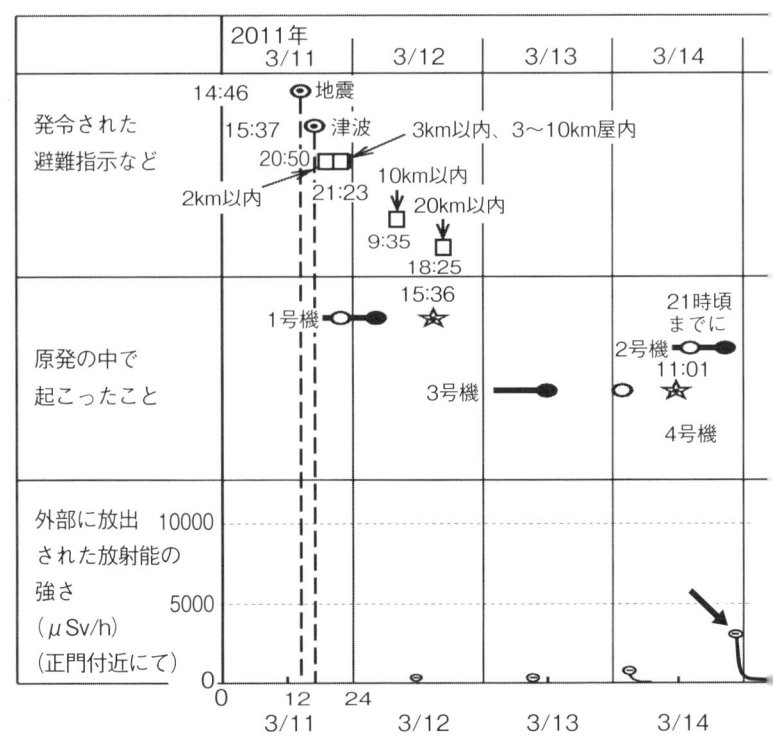

図5-2　避難行動と原子力発電所内外で起こったことの関係

（注）図中の放射線量のグラフは図2-13のグラフとは目盛が異なる。同図では縦軸が対数になっているため、3月12日から14日までの放射線量がそれ以降に比べて低いことが目立たないが、この図で見ると、3月14日夜以降、放射線量が圧倒的に高くなっている。

　原子力災害対策本部（原災本部）を設置した。この宣言を受けて、福島県は20時50分に原発から半径2km圏内の住民に対し避難指示を行った。

　原災本部は炉心損傷を避けるためにベントの必要が生じる可能性があることを考え、21時23分に予防的措置として半径3km圏内の住民に避難指示を、3km〜10km圏内の住民に屋内退避指示を発した。

　その後、1号機の格納容器圧力が上昇していること、1、2号機でベントが実施できていないことから、12日5時44分に避難範囲を半径

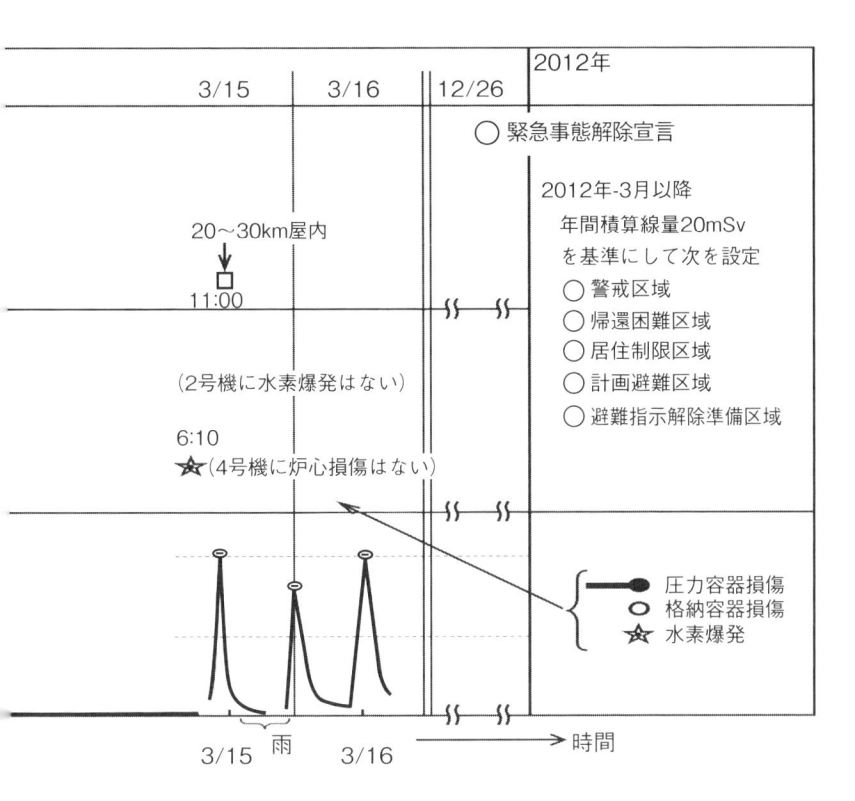

```
                    3/15    3/16   12/26    2012年

                                            ○ 緊急事態解除宣言

                                            2012年-3月以降
                                            年間積算線量20mSv
         20～30km屋内                         を基準にして次を設定
              ↓                             ○ 警戒区域
              □                             ○ 帰還困難区域
              11:00                          ○ 居住制限区域
                                            ○ 計画避難区域
         (2号機に水素爆発はない)                  ○ 避難指示解除準備区域

         6:10
         ☆ (4号機に炉心損傷はない)

                                                 ┌─ ● 圧力容器損傷
                                                 ┤   ○ 格納容器損傷
                                                 └─ ☆ 水素爆発

                  3/15  雨  3/16            → 時間
```

10kmに拡大する指示が出された。

　12日15時36分に１号機建屋が爆発したが，当初はその原因等が明らかでないことや、菅総理が原子力安全委員長の発言を再臨界の可能性があると受け取ったことから、さらに避難指示範囲を半径20kmに拡大することとし、原災本部は18時25分にその指示を行った。

　その後も、各プラントの事態はますます深刻化し、14日11時１分の３号機原子炉建屋の爆発、15日６時10分頃の４号機建屋爆発、等の事態が発生したため、15日11時に半径20km～30km圏内の住民に屋内退

避を指示した（図5-3）。

避難指示は本来オフサイトセンターに設けられる現地対策本部が決定すべき事項だが、第3章で述べたようにオフサイトセンターが機能しなかったため、総理官邸において決定された。その内容はそれぞれの発電所の原子炉の冷却状態等の様々な事象によって判断されているのだが、対象となる地域の自治体へは「とにかく逃げろ」ということだけしか伝わらず、各自治体はテレビ・ラジオ等で得られる以上の情報を得られないまま、避難方法の決定や誘導を行わなければならなかった。

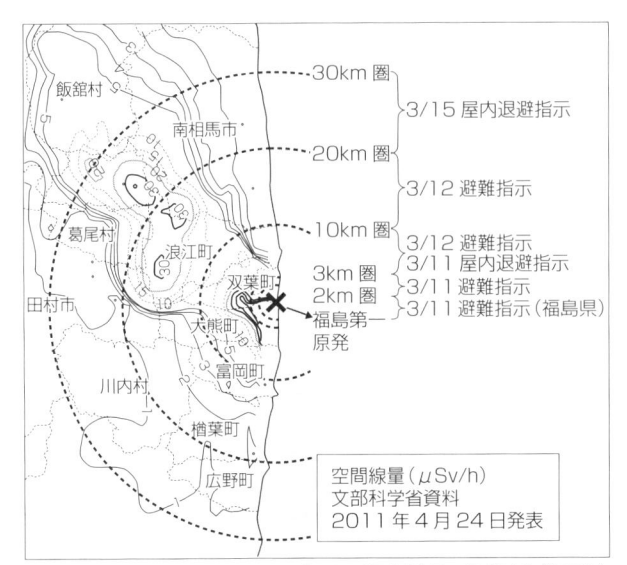

図5-3　3/11から3/15までに福島県及び原子力災害対策本部が発出した福島第一原発に関わる避難等の指示

正確な情報を得られず、「逃げろ」ということだけしかわからない中で、避難範囲が次々に拡大されるのに応じて二重、三重の避難を行わなければならなかった住民たちが"振り回された"という意識を持ったのも当然と言えよう。

避難時の放射性物質の放出・飛散状況

　2号機では水素爆発は起こらなかったが、メルトダウン（炉心損傷）と格納容器の損傷によって、最も多くの放射性物質を放出したと考えられている。発電所外の環境放射線のモニタリングで観測された放射線量は、3月12～14日はさほど多くないが、14日の夜から15日にかけ

て非常に大きな値になっている。これがちょうど2号機の炉心損傷と格納容器の損傷の時期と重なっている。15日の朝に福島第一原発の正門付近で観測された放射線は10000μSv/h（マイクロシーベルト／毎時＝10mSv/hミリシーベルト／毎時）と非常に強いもので、これは10時間で100mSvに達する線量である。原爆被爆者の疫学調査から得られた放射線の被曝線量と発がんリスクの関係から、100mSv以上になると発がんの増加が認められると考えられている。

　放射性物質は発電所から同心円状に広がるのではなく、気象状況や地形によって不規則な広がり方をする。多量の放射性物質が外部に放出された15日の午後に北西方向へ風向きがかわり、しかもそのときに雨が降っていたため、福島第一原発から北西約50kmの範囲に放射能を強く帯びた雨が降り注いだ。

　しかし、事故直後の避難は、正確な放射性物質の分布がわからない中で行われたため、発電所からの距離に応じた同心円上に範囲を区切って行うしかなかった。

　だが、その後の調査で放射性物質の濃度が高い地域は、福島第一原発を

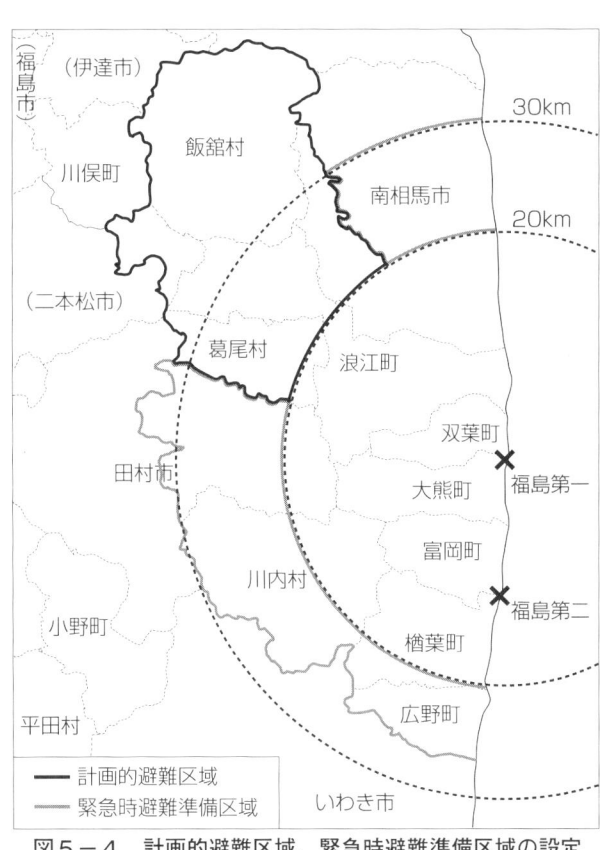

図5-4　計画的避難区域、緊急時避難準備区域の設定

（出所）2011年4月22日原子力安全・保安院（原子力安全広報課）発表資料

かかとにした靴底状の形に分布し、原発のある大熊町、双葉町の他、飯舘村外側の約50km離れたところまで広がっていることが判明した。放射性物質の分布状況が明らかになるに従って避難区域もそれに応じた形になり、4月22日には、発電所から半径20kmの範囲は「警戒区域」に指定され、全員が退去することになり、その外側では福島原発から北西に向かって約50km近くまでの靴底状の形の地域がその状況に対応して避難すべきところとして、「計画的避難区域」に指定された。なお、半径20km〜30kmの地域で汚染のひどくないところは、「緊急時避難準備区域」に指定された（図5－4）。

事故発生から約9ヵ月経った2011年12月16日に原子炉が冷温停止状態に至り、一応の安定状態に入ったと判断がなされ、12月26日に年間積算線量が20mSv以下に抑えられるかどうかを評価軸として、「帰還困難区域」および「居住制限区域」「避難指示解除準備区域」等の指定を行い、さらに12年3月7日に区域の見直しを行った（図5－5）。

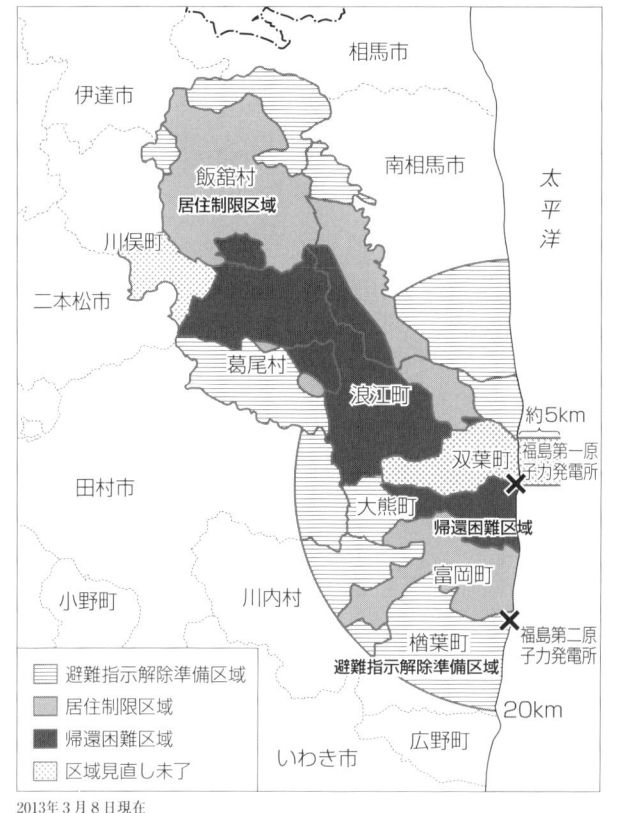

図5－5　避難指示区域と警戒区域の概念図

（出所）経産省HP

放射性物質飛散の実態

　本書では、すでに何度か出てきているが、ここでは放射線の強さや量を表す言葉と単位について簡単に説明しておこう。

　人体に対する影響を示す放射線の線量はSv（シーベルト）を単位として表される。今回の事故でよく目にするmSv（ミリシーベルト）はその1000分の1、μSv（マイクロシーベルト）はその100万分の1である。なお、放射線の健康影響を考える上では人体がどれほどの線量を受けたかという放射線の総量（「積算線量」と呼ぶ）が重要である。一方、放射線の強さはある場所にいて時間当たりに浴びる線量で表し、それを「空間線量」と呼ぶ。1時間当たりに浴びる線量をμSv/h（マイクロシーベルト・パー・アワー）、1年間当たりに浴びる線量をmSv/y（ミリシーベルト・パー・イヤー）と表す。空間線量と積算線量の関係は次のようになる。たとえば1μSv/hを浴び続けると1年間で浴びる量は、

　　1μSv/h×24時間×365日≒9000μSv＝9mSv　　　となる。

　先に述べたとおり、空間線量の高い地域は靴底状に分布しているが、福島第一原発から30km離れた浪江町や飯舘村にも10μSv/h以上の場所が点在していた（2011年4月現在）。空間線量10μSv/hは年間の被曝量に換算すると87.6mSvであり、仮に100mSvを超えると健康被害が発生する可能性が増すと考えるのであれば、この87.6mSvというのは極めて高い線量である。

　文部科学省が2012年1月17日に発表した、2011年3月11日から12年3月11日までの1年間に浴びることになる放射線の総量を推計した「積算線量推定マップ」によれば、福島原発から50km近く離れたところまで20mSvの範囲が及んでいる。これは、（現実にはあり得ないことだが）もし5年間その線量の場所にずっと居続けるとすると、放射線の影響が出てくる可能性があると考えられる量である。

　原発から放出された放射性物質は風によって運ばれる（これを放射性プルームという）が、そこへ雨が降れば放射性物質が雨滴に取り込まれ

て地表に落下する。しかし、多くの場合、雨が降らなければ放射性物質はそのまま風に乗って遠くへ運ばれ、次第に拡散する。

適切だったSPEEDIによる計算

　SPEEDI（スピーディ、緊急時迅速放射能影響予測ネットワークシステム）は、周辺住民を放射線の影響から防護するための措置の検討に活用する目的で1986年に文部省管轄の原子力安全技術センターで運用開始された。

　SPEEDIを使えば、原発で事故が起き放射性物質の放散が予想されるとき、原発から放出された放射性物質が「いつ」「どのような方向に」「どの程度」飛散するかを、放出源の情報と地形及び気象状況から計算により求めることができる。東京電力（東電）から原子力安全・保安院（保安院）が受け取った放出源情報が原子力安全技術センターに伝達されて計算が行われ、その結果が保安院、原子力安全委員会、関係する都道府県やオフサイトセンター・原子力災害対策本部などに提供されるシステムになっている。

　実際に1999年のJCO臨界事故のときにも計算が行われた。また、今回の福島第一原発の事故でもこの運用が行われるはずであった。

2011年3月15日9:00〜16日9:00までの外部被曝による実効線量

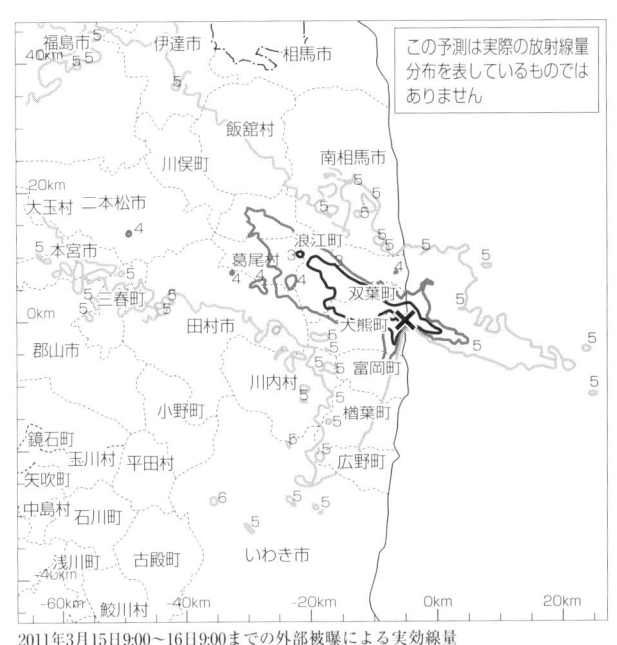

図5−6　原子力災害対策本部事務局（原子力安全・保安院）におけるSPEEDI計算図形

しかし、今回はその計算の基本になる現地からの放出源情報が地震や津波の影響で得られず、元々考えていたような計算を行うことができなかった。

　図5-6は放出源情報を仮定してSPEEDIによって計算されたもので、放射性物質の飛散が最も多かった2011年3月15日の分布状況である。事故から約2ヵ月後に発表された航空機モニタリングによる空間線量マップ（図5-7）によれば、線量の高い地域は靴底状に分布しており、SPEEDIの計算が適切であることがわかる。

　ただし、今回の事故の場合、放射性物質の飛散方向はすでに計算できていたにもかかわらず、放射線の放出源の情報が得られないという理由から、飛散方向の予測が避難住民に伝達されず、住民は放射性物質がどちらにどれほど飛んでくるかということを知らずに避難したのである。

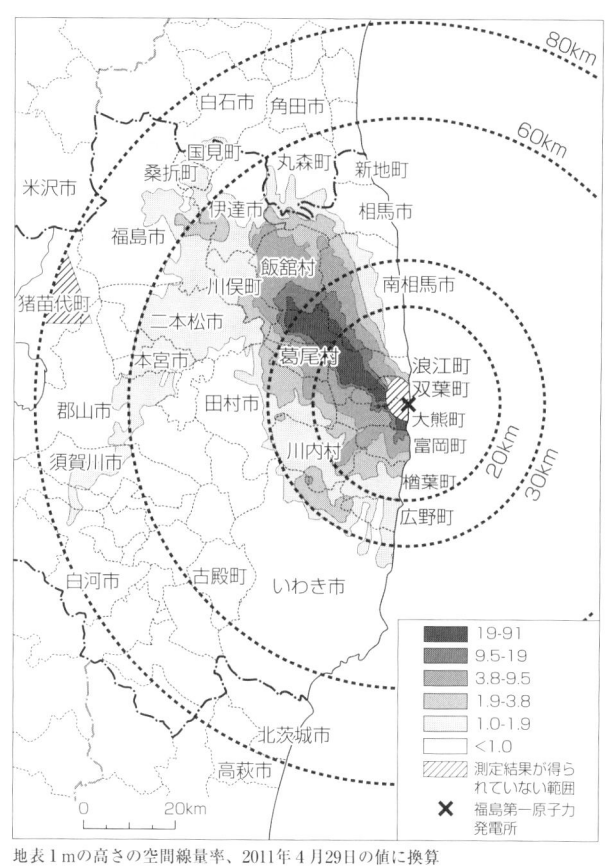

地表1mの高さの空間線量率、2011年4月29日の値に換算

図5-7　文部科学省及び米国エネルギー省航空機による航空機モニタリング結果

安定ヨウ素剤配布と服用指示

　「安定ヨウ素剤」とは放射性を有しないヨウ素を主成分とする薬剤

で、内部被曝に先立ってこれを服用すると放射性ヨウ素が体内に取り込まれても甲状腺に蓄積するのを防ぐことができるため、甲状腺の障害を防止するために使用されるものである。

安定ヨウ素剤の服用指示は、政府の原子力安全委員会が現地対策本部医療班に助言を行い、緊急事態対応方針決定会議が予防服用案を決定して、国の原子力災害対策本部に報告し、同本部の決定を受けて、現地対策本部を経由して都道府県知事へ、知事から住民へと順次伝達されることになっている。

福島第一・第二原発の周辺の6町では福島県の緊急被曝医療活動マニュアルに基づき、安定ヨウ素剤を備蓄していた。さらに県は3月14日に原発から約50km圏内のすべての自治体の40歳未満の住民に安定ヨウ素剤を配布することを決定し、20日までに配布を終えた。

しかし、今回の事故では放射性物質の最大の放散が3月15日頃に起こっていることを考えれば、予防のための薬剤を必要とする時期の後に配布しても何の意味もない。このような手順がいかに不適切なものだったかがわかる。

今回の事故では16日に「20km圏内からの避難時に安定ヨウ素剤を投与すること」との指示が現地対策本部から県および12の関係市町村長に発せられたが、県は20km圏内はすでに避難済みのため、対象者がいないことを確認済みであるとの理由から、服用指示は行わなかった。

また、スクリーニングの際に一定の被曝量を超えた者には安定ヨウ素剤の服用も指示すべきとの3月13日の原子力安全委員会のコメントは現地対策本部には伝わらなかった。

一方、福島第一原発周辺の幾つかの市町村は独自の判断で住民に安定ヨウ素剤を配布した。たとえば第3章で先述のように、三春町は3月14日の東北電力女川原子力発電所の放射線量の上昇、15日の気象予報から住民の被曝が予想されたために、安定ヨウ素剤の配布・服用指

示を決定した。三春町が服用指示を出したことを知った福島県職員は、国からの指示がないことを理由に配布中止と回収の指示を出したが、町はこれに従わなかった。

　このような形式にこだわった不適切な指示が出されたのは、後で述べるようにそれらの指示が何のために行われるのかを理解しない人たちによって組織運営が行われていたためと考えられる。

避難が適切に行われなかった例

　第3章で取り上げた避難に伴う双葉病院の悲劇は、避難計画が準備されなかったために起こった。ここでは、別の例として3月15日の南相馬市の例をあげる。

　15日に大量の放射性物質が外部に放出されたとき、まず11時に半径20km〜30km圏内に屋内退避指示が出された。この指示を受け、南相馬市ではこの圏内の住民の希望者に対して市外への避難誘導を行った。南相馬市から市外へのルートは3つあるが、南方へのルートは福島第一原発直近を通過せねばならず、また北方へのルートは海岸付近を通るため、地震・津波による被害が大きいと考えられた。その結果、多くの住民は福島第一原発から北西の方向に伸びている国道114号線（通称富岡街道）を通って飯舘・川俣方面に避難することとなった（図5−8）。

　しかし当時風が北西方向に向いて吹き、しかも雨が降ったため、福島第一原発から北西20〜30kmの地域にほかより濃度の高い放射性物質が降下した。そのことを知らない住民の逃げた方向は放射性物質の降下の一番濃度の高かったところと一致していたのである。

　このような飛散状況となることはSPEEDIの情報を公開していればわかったはずである。そして住民たちは、避難方向が適当であるかどうか、いま避難すべきかどうかを判断できたはずである。しかし、この情報がまったく発出されないまま、危険であるということだけが伝

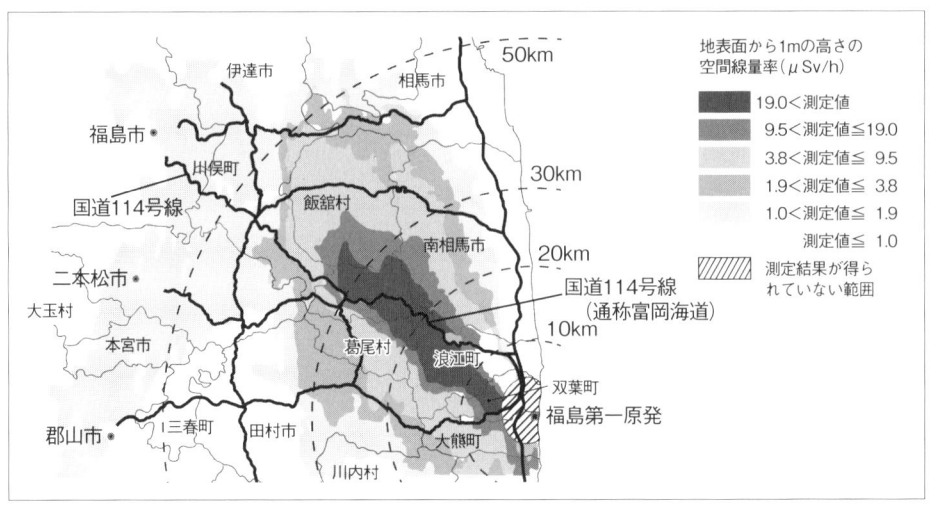

空間線量率は図5-6による
図5-8　避難した住民が通った経路と空間線量

達されたため、南相馬市の住民は屋内退避ではなく逃げることを選択した。仮にこのときに室内に留まっていれば、放射線の影響は少なかったはずである。また、SPEEDIの情報があれば適切な方向に逃げることができたはずである。住民は後からこのことを知り、非常に憤っているが、それも当然である。

自治体ごとの避難先

　原子力災害に備えてあらかじめ避難計画が整っていないという条件の下で、詳しい情報もないまま避難指示が出され、それぞれの市町村は独自の判断で行動することが求められた。

　事故後福島第一原発のすぐ北側の双葉町およびすぐ南側の大熊町がまず避難を求められた。避難先を指定することなく、「とにかく逃げろ」という指示だったため、国が手配したバスを使えた地域もあるが、主にそれぞれの自治体が住民の移動手段を確保し、原発から離れる方向に避難した。

その後、避難指示範囲が拡大するに応じて、避難場所を移さざるを得なくなったところも多い。双葉町は避難所を転々として、最後に町民の多くが関東地方の埼玉県加須市にまで避難した。また、大熊町も多くの市町村を通過して、はるか西の会津若松市まで避難している。

　警戒区域の中に非常に多くの住民がいた浪江町は二本松市に、また富岡町は郡山市などに避難している。なお、南相馬市の原発に近い地区は、前に述べたように、結果として放射線量の高い地域を通って避難せざるを得なくなった。

　図5－9は元々の居住地と避難先を示したものである。この図を見れば、元の住居と最終的な避難場所との関係がバラバラになっているばかりでなく、避難者が元の住まいからはるかに離れた場所まで避難場所を求めて移動しなければならなかった状況がわかる。このことからも事前に避難計画の立案が十分されていなかったことがよくわかる。

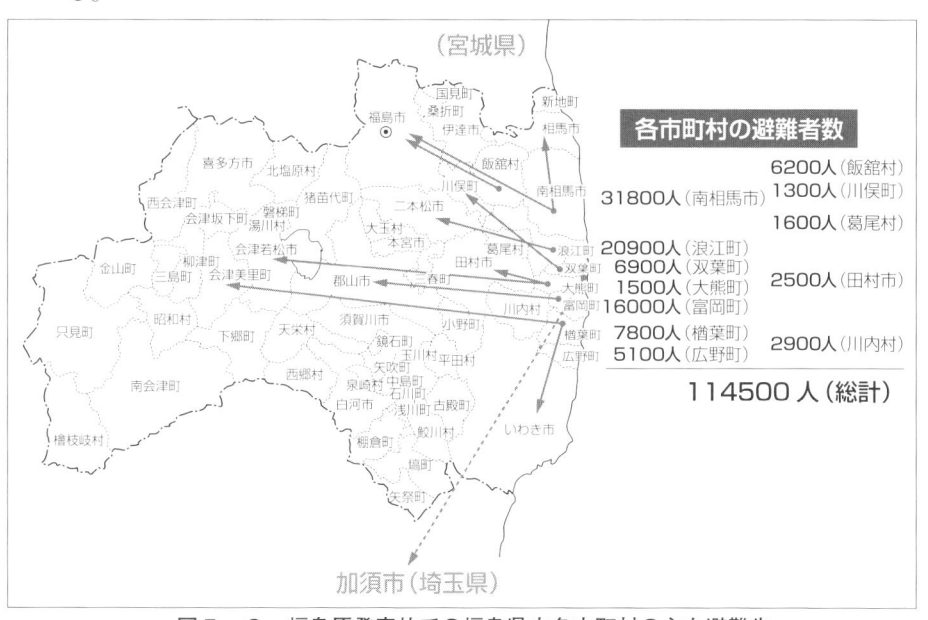

図5－9　福島原発事故での福島県内各市町村の主な避難先

2　放射能の正しい理解の必要性

「放射能」「放射性物質」「放射線」

　まず、日本ではしばしば「放射能」と「放射性物質」と「放射線」とが混同されて用いられるが、それぞれの意味は異なるので、区別して用いなければならない。本来「放射能」とは原子核が崩壊して放射線を出す能力のことである。また、「放射性物質」とは放射能を持つ物質のことである。

　日本では、「放射能」というと原子爆弾を連想し、人に害を与えるものと考えて忌避するばかりであった。放射線は人間に害を及ぼすだけではなく、X線の医学分野での利用に代表されるように、人々に恩恵も与えているが、いままでは、放射線が利点と危険とを併せ持つことを正しく知る努力も知らせる努力も十分行われてこなかった。原発の周辺住民はもちろん、国民すべてが必要とされる知識を十分持たない中で今回の事故が起こって、その危険と向き合わなければならなくなったのである。

風評被害

　原子力発電所で過酷事故が起これば、放射性物質が外部に放出される可能性がある。その放射性物質が人体や環境などにどのような影響をもたらすかを正しく理解していなかったために外部の様々な情報に翻弄されるなど、人々が過剰に反応しているように思われる。この過度の反応が被害をさらに大きくしていると考えられる。しかも、個人個人がそのような状況に置かれるだけではなく、集団全体として放射能を忌避する"気"に包まれた。いわば放射能忌避の"集団感染"が起こったと言えよう。

　このような状況では、多数の人間が不確かで誤った理解のもとに判

断、行動することになる。その結果、本来は無関係であるはずの個人や団体が被害を受けることも起こる。これが「風評被害」である。まず、風評被害は食品について起こった。多くの人が福島県産または東北地方産の農作物や水産物は放射性物質に汚染されていると考え、検査により安全が確認されて出荷されたものであっても、購入や摂取を避けた。それが自分の身を守ることになると考えたからである。

　また、風評被害は津波による瓦礫の処理を他地域が引き受けなくなるという形で現れた。さらに、1999年のJCO事故の際にも風評被害として起こったことであるが、原発事故で避難した人たちと接触すると"放射能がうつる"と考える人まで現れた。このように多くの人が誤った知識に翻弄されて起こった風評被害は、実際の被害を拡大した要素の一つであると考えられる。

　このように、誤った知識による風評被害を防ぐためにも、放射性物質についての正確な知識を持つことが必要である。なかでも、原子炉の事故で放出された様々な放射性物質を理解することが重要である。

半減期
　放射性物質を考えるとき「半減期」について知っておかなければならない。放射性物質は時間とともに崩壊して、放射線を出さない物質に変わる。半減期とは放射性物質が崩壊（原子核が放射線を出して別の原子核に変わること）して、放出する放射線量が最初の半分になるまでの時間のことである。放射性物質の種類により半減期は異なる。たとえば、プルトニウムは原子量が大きく、何かに溶けるという性質がほとんどない物質であるが、半減期は約2万年と非常に長く、半永久的に放射線を出し続ける。

　しかし、今回の原発事故で外部に飛散して問題になったのは、主に半減期が約8日のヨウ素131と半減期が約2年のセシウム134および半減期が30年のセシウム137の3つである。このうち今回の事故で放出

された量と性質およびその影響の大きさから考えて、主にヨウ素131とセシウム137について後述する。

3　放射線の人体への影響

人間を取り囲む危険因子

　人間は健康を害するさまざまな因子に囲まれて生きている（図5－10(a)）。人間の健康を害する危険因子としては、たとえばたばこ、アルコール、その他の生活習慣、社会的ストレスなど様々なものがあるが、それに加えて放射線がある。今回の福島原発事故で問題となるのは、この放射線の健康への影響である。そこでここでは、放射線と人間の健康の関係に関する基本的な知識、および今回の事故による放射線の影響を考える。

　まず、人間の健康に影響を与える放射線は2つに分けて考えなければならない。1つは人間の活動とは関わりなく、自然界に元々存在している放射性物質からの放射線で、これを「自然放射線」と呼ぶ。も

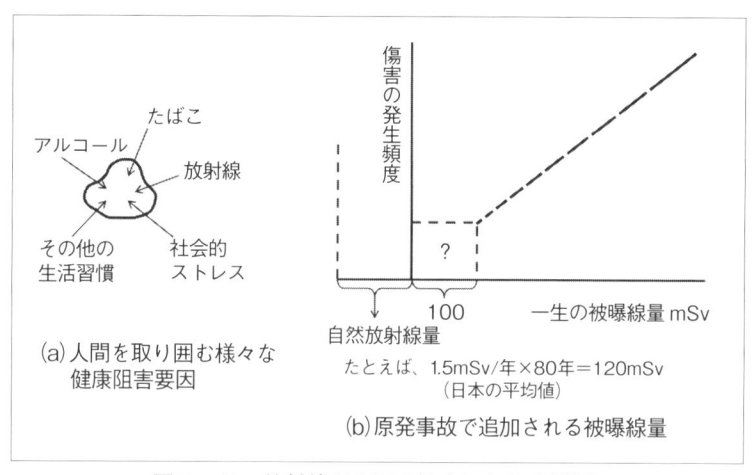

(a) 人間を取り囲む様々な健康阻害要因

(b) 原発事故で追加される被曝線量

たとえば、1.5mSv/年×80年＝120mSv
（日本の平均値）

図5－10　放射線が人間の健康に与える影響

う1つは、事故や原子爆弾などによる放射性物質からの「人工放射線」である。

自然放射線は宇宙から降り注ぐ宇宙線（放射線）や大地（岩盤や岩石）に含まれる物質からの放射線など、体外からの被曝（外部被曝）をもたらすものと、大気や飲食物に含まれる放射性物質を呼吸や飲食によって体内に摂取したために受ける「内部被曝」をもたらすものとがある。人間は常に自然放射線を浴びており、この影響から逃れることはできない。

自然放射線の量は場所によって異なる。たとえば日本の自然放射線による平均的な被曝線量は1年間に約1.5mSvである。また、同じ日本の国内でも西日本では平均して東日本の1.5倍となっている（図5－11）。一方、世界の平均は年間2.4mSvともう少し高い。

自然放射線の積算線量は日本の場合、一生を80年とすると、1.5mSv×80年で120mSvであるが、この自然放射線による健康への影響は明らかではない。少なくとも日本国内での地域による有意な差は見られない（外部被曝と内部被曝については後述）。

今回の事故で問題になったのは、事故によって放出された放射性物質からの被曝の影響についてである。事故による放射線が地域の元々の自然放射線に上乗せされたと考えなければならない。

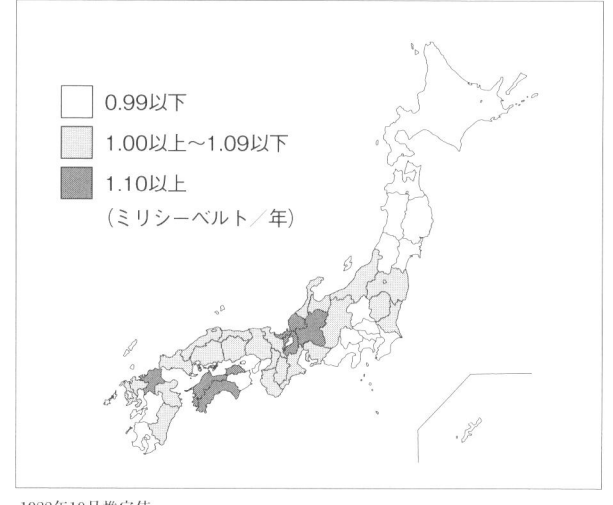

1988年10月推定値

図5－11　日本における自然放射線からの年間被曝線量
（出所）高エネルギー加速器研究機構放射線科学センター、2005年3月発行

事故による放射線の健康への影響

　事故による放射線の影響を考えるとき、時間当たりに浴びる放射線量を表すμSv/yやmSv/yまたはμSv/hやmSv/hで考える場合と、一人の人間が受けた放射線の総量（「積算線量」と呼ぶ）を考える場合の2つの場合がある。なお、ごく短時間に高線量を被曝した場合の総量も、低線量の放射線を長期間かけて被曝した場合の総量も、どちらも「積算線量」という言葉で表されるので注意を要する。ただし、同じ積算線量でも、それを一瞬のうちに浴びたときと一生涯という長い時間をかけて浴びたときとでは、健康への影響はまったく異なる。

　今回の事故でごく短時間に多量の放射線を被曝して起こる放射線障害の症状が出た人は原発内の作業員にも一般住民にもいなかった。そのため、問題となるのは主に低線量の放射線を長期間にわたって受ける低線量被曝である。人間の場合、長期にわたる低線量被曝の積算線量が100mSv以上になると発がんリスクが増すことが明らかになっている（図5－10(b)）。

　しかし、100mSv以下の場合、被曝量と健康被害との関係は明らかではない。これは人間の健康に影響を与える放射線以外の様々な危険因子の影響に放射線の影響が埋もれてしまうからである。

　100mSv以下の積算線量でも健康への影響がある可能性を否定できないため、被曝線量は少なければ少ないほどよいとする考え方もある。それが容易に実現できればよいが、逆に被曝に対して神経質になりすぎることによって起こる精神的ストレスやその他のリスク因子の増加のほうが健康に大きな影響を及ぼしかねない。

　放射線と人間の関係を考える上では、人間は常に自然放射線を被曝していること、低線量被曝においては健康に害を及ぼす危険因子は放射線だけではないこと、を前提に考えなければ正しい判断ができないのである。

放射線による身体的・精神的影響

　人体が受ける放射線の被曝の経路は2つに分けられる。1つは人体の外側にある放射性物質からの放射線の影響で、これを「外部被曝」という。もう1つは呼吸や食物を通じて人体内に取り込まれた放射性物質による被曝があり、これを「内部被曝」という。肉体的な影響は外部被曝と内部被曝との両方の被曝によってもたらされ、主にDNAの損傷、がんの発生という形で現れる。

　一方、放射線の人体への影響を考える上で忘れてはならないことは、身体への直接的な影響だけでなく、心に対する影響を考えておくことである。精神的な影響で典型的なものは、発がん等の人体へのリスクに対する恐怖であろう。

　結局その恐怖が、放射性物質を忌避するような判断・行動の原因となり、社会全体がそれに左右されて風評被害が起こったり、避難や除染が適切に行われない等の影響を及ぼすことになる。精神的影響を最小にするには、常日頃から放射線による健康への影響を正しく理解しておくことが必須である。

　なお、原発事故被災地の住民が安心して生活するには、住民一人ひとりの健康状態の把握と適切な対応が必要である。そのためには長期にわたり健康調査を継続しなければならない。さらにそこで収集されたデータは人間と放射線の関係を知るために貴重なもので、そこから得られた知識は原子力と人間の関係を考える上での基礎となるものである。

内部被曝

　内部被曝では、吸気・飲食物・皮膚から人間の体内に取り込まれた放射性物質は、人体内で崩壊して放射線を出し、細胞やDNAに障害を与える。体内に取り込まれた放射性物質は一定時間が経つと体外へ

排出されて減少する。

　今回の事故では多量の放射性ヨウ素が原子炉の外部に放出された。放射性ヨウ素は気化して大気中に広範囲に拡散しやすい上、呼吸や飲食により体内に吸収され、体内に吸収されたヨウ素は甲状腺に蓄積され、内部被曝の原因となる。特に甲状腺の形成過程である乳幼児や甲状腺の機能が活発な若年者においては甲状腺に蓄積されやすく、甲状腺障害が起こりやすい。

　しかし、甲状腺内のヨウ素を非放射性ヨウ素で満たしておくと、以後のヨウ素の取り込みが阻害され、後から取り込まれた過剰なヨウ素が速やかに尿中に排出されるという性質がある。放射性ヨウ素の甲状腺への蓄積を軽減する方法として、非放射性ヨウ素である「安定ヨウ素剤」を被曝前に予防的に服用するのはこのためである。体内に吸収されたヨウ素はごく短時間で甲状腺に取り込まれるため、被曝前に安定ヨウ素剤を服用しておく必要がある。また、日頃から海藻を摂取しヨウ素を体内に十分吸収していると、放射性ヨウ素が甲状腺に取り込まれにくいといわれている。

　今回の事故ではヨウ素被曝の危険性が喧伝されているが、実際にどの程度の量が放出され、どのように分布していたかについては十分調査できていない。それはヨウ素131の半減期が8日と短いため、事故から時間が経ってしまうと、事故の際にどのような分布になっていたかを測定することが困難だからである。そのためヨウ素の分布については、事故直後に測定された被曝量や半減期が長い他の放射性物質の観測データから、その放出量や分布状況について推定するしか方法がないと考えられる。

　一方、セシウムは水溶性で、体内に入ると体中に分配されて、主に筋肉組織に蓄積され内部被曝を起こす。生体内での生物学的半減期（体から排泄されて放射能が半分になる期間）は平均70日である。セシウムの体内への蓄積を防止するための安定ヨウ素剤のようなものは現在の

ところ存在しないので、食物によってセシウムを体内に取り込まないようにするしかない。このことが、福島県の農産物を忌避するいわゆる風評被害の要因の一つになっている。

外部被曝

　人間は地球に降り注ぐ宇宙線や自然環境の中に含まれる放射性物質からの放射線などの自然放射線を常に浴びている。

　事故により放射性物質が飛散した地域では、事故前からあった自然放射線1.5mSv/yに原発事故による分が加わった。たとえば事故で20mSv/yの放射線が追加されると人体の受ける総量は21.5mSv/yとなり、この地域の住民は元々の自然放射線の14倍以上の放射線を浴びることになる。また、元々が1.5mSv/yのところに1mSv/yの原発による放射能の影響が加わったとすれば、合計して2.5mSv/yになる。2.5mSv/yという値は世界の平均的な自然放射線とほぼ同じと考えられるので、除染により追加分を1mSv/yにしようと努力することは、それなりに意味のあることではある。

　また、学校施設の利用を検討するときに、3.8μSv/hという数字が非常に強く意識された。屋外で3.8μSv/hだとすると、木造の建物の室内は屋外の約0.4倍の空間線量（実効線量）になるとされるので、1日8時間屋外にいて、それ以外は木造の建物の中にいる状態では、1日当たり54.72μSv、年間20mSvになる。学校の校庭などが使用可能かどうかを判断する上で3.8μSv/hを基準としたのはこのためである。

　外部被曝を考える上で特に注目しなければならないのは、事故で放出された放射性物質のなかでも半減期が30年と長いセシウム137である。ヨウ素131は半減期が8日、セシウム134は2年と比較的短いため、環境中のヨウ素131やセシウム134の影響が長期間続くことはない。しかし、セシウム137は半減期が30年と長いため、一度環境中に放出されるとその影響が非常に長く続き、汚染された土地が長期間居

住不能、使用不能になると考えられる。除染で問題となっているのが主にセシウム137であるのはこのためである。

しかし、放射線はあくまでも健康を害する多くの要因の一つである。1mSv/yを実現するのが難しい場合、そのことだけに捉われて、人体に悪影響を及ぼすものを全体として考えずに放射線の影響だけを過大に評価すると、判断を間違えることになる。

4　起こった現象を理解する

放射性物質の飛散は水素爆発によるものではない

物事を正しく理解するには、全体像をつかむと共に、全体を構成する要素の一つずつの詳細についても理解する必要がある。別の言葉で言えば、全体像を捉え、マクロメカニズムを考えるのと同時にマイクロメカニズムを考えるべきである。世の中で通常行われている多くの事故の説明や解説では、このマクロとマイクロの両方を切り捨て、目につきやすいところや一般的に理解しやすそうなところだけを取り上げる場合が多い。その結果多くの人たちは、得られた部分的な情報のみから起こった現象を自分なりに理解しようとする。そのため、多くの場合全体像を正しく把握することが困難になる。

福島原発事故における放射性物質の飛散についても多くの人が誤った理解をしている。それは、「水素爆発により放射性物質が飛散して地上に降り注いだ」という理解である。確かに水素爆発の映像は衝撃的であった。

しかし実際は、水素爆発で放射性物質が飛散したのではなく、メルトダウンによる高温と高圧のため格納容器が損傷して閉じ込め機能を失い、放射性物質が外部に漏出したのである。

第2章で詳述したように、今回の事故で最も多くの放射性物質を放出したと考えられる2号機では水素爆発は起こらなかった。だが2号

機の炉心が損傷し、格納容器が損傷して、放射性物質が外部に放散した時期に、外部の放射線量が最も高くなったと考えられている。

　それでは格納容器からどのような放射性物質が外に漏れたのだろうか？　揮発性(きはつ)があるものや極めて軽いものは空中に飛散した。そして水溶性のものは内部で水に溶けて格納容器から地下水となって流出した。現在は地中の止水壁(しすいへき)で止められているが、事故の当初はこの地下水は海に流出していた。ただし、水に溶けない重い物質は格納容器の中に残留しているはずである。要するに、外部に漏れ出たものは軽くて飛散しやすいものか、または水に溶けやすいものであり、重いものは格納容器中に残留していると考えられる。

固着する放射性物質

　原子炉から漏出した放射性物質は目に見えない雲のような「放射性プルーム」として空中に浮遊し、風に乗って流されて飛散し、さらに風によって拡散した。そして、時間が経つにつれて、少しずつ地上に降下し、地表や木の葉に降り注いだ。

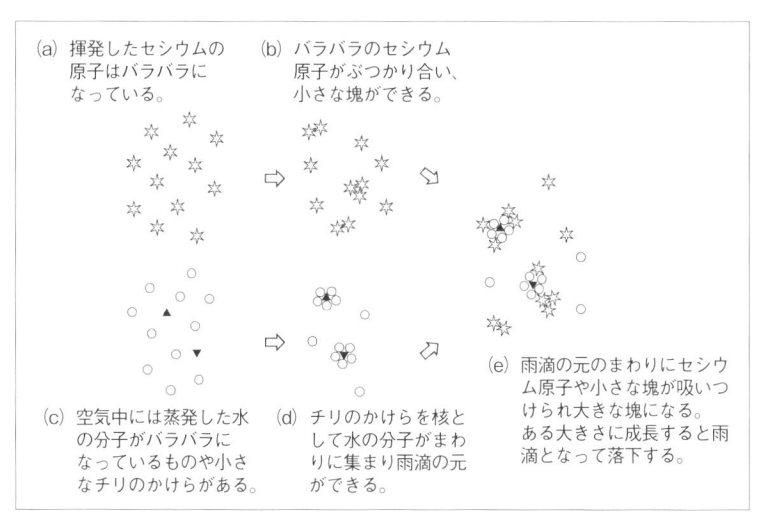

(a) 揮発したセシウムの原子はバラバラになっている。
(b) バラバラのセシウム原子がぶつかり合い、小さな塊ができる。
(c) 空気中には蒸発した水の分子がバラバラになっているものや小さなチリのかけらがある。
(d) チリのかけらを核として水の分子がまわりに集まり雨滴の元ができる。
(e) 雨滴の元のまわりにセシウム原子や小さな塊が吸いつけられ大きな塊になる。ある大きさに成長すると雨滴となって落下する。

図5-12　揮発したセシウムが雨滴になって落下するマイクロメカニズム

第5章　なぜ被害が拡大したか　161

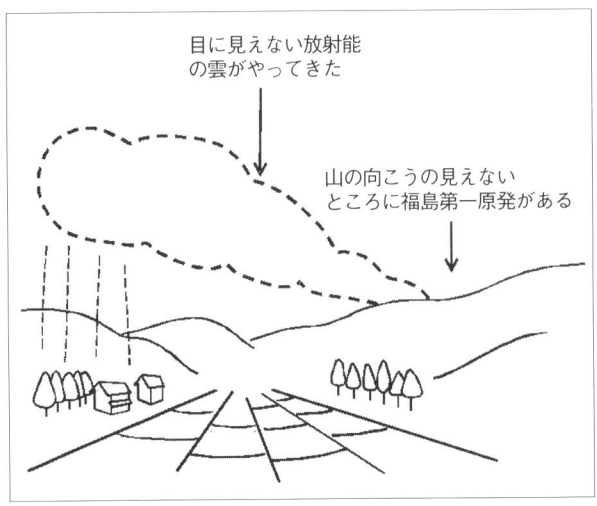

図5-13 飯舘村の比曽地区にやってきた放射能の雲
（現地での聞き取りをもとに畑村が想像した絵）

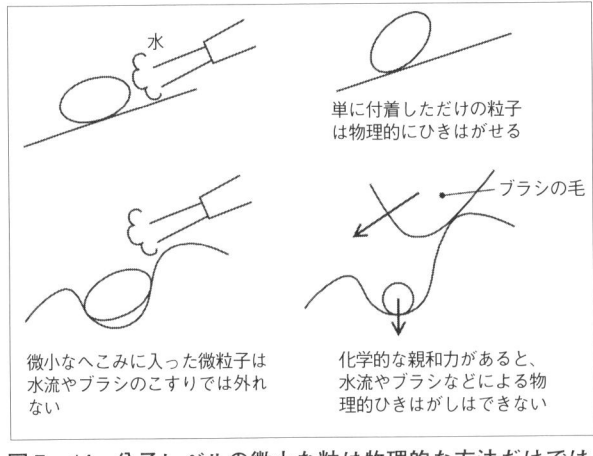

図5-14 分子レベルの微小な粒は物理的な方法だけでは除去できない

　一方、放射性プルームが通過中に雨が降ると、放射性物質の集団（「クラスター」とでも呼ぶべきもの）と水の集団（「雨滴」とでも呼ぶべきもの）が邂逅し、放射性物質を取り込んだ雨滴となって地表に降下し、それが土の粒子や木の葉の表面に固着する。放射性物質を含む雨が降り、それによってひどく汚染された地点を「ホットスポット」と呼ぶ。筆者が考えるモデルが図5-12である。

　ホットスポットの一つである飯舘村で住民に話を聞き、彼らがどんなことを感じ、考えているかを描いたのが図5-13である。「村の南東の山の向こうから目に見えない放射能の雲がやってきて、雨と一緒に"放射能"が田んぼ、畑、住宅、林に降り注ぎ、くっついて取れなくなってしまっ

た」という理解である。

　降下した放射性物質の一部は雨水として流れていったと考えられる。樋とか地表の水路などの雨の流路が一般の地表面よりも放射線量が高いことが観測されているが、それはこのためである。一方、流れずに地表の土の粒子や樹木の葉、屋根の瓦などの表面に固着したものは、水分が蒸発してなくなっても、そこに残留している。分子レベルで付着した放射性物質はこすったり、水で流そうとしてもはがし取ることはできない。そのメカニズムを示したのが図5－14である。

　このようなメカニズムで地表の様々なものに固着した放射性物質は、化学的な作用によって放射能を消し去ることはできない。それが除染の難しさに繋がっている。

5　なぜ被害が拡大したか

　原子力発電所の大規模な事故は、発電所内の設備が深刻な状況になるだけでなく、放出された放射性物質により広範な地域の住民の肉体的・精神的健康および環境や地域社会に重大な影響を及ぼす。原発事故による被害の全体像を正しく理解し、被害を軽減するための準備があらかじめ十分行われていなかったために今回のように被害が拡大したのである。

　事業者、行政、自治体および住民のいずれもがこのことに着目することなく、原発を設置・運用し、原発の周辺の地域で生活をしていた。仮に理解と準備が十分であればまったく違う対応ができたはずであり、これほど大きな被害にならずに済んだはずである。

　もともと原発事故の一義的責任は事業者にある。しかし、事業者は原発に要求される様々な規制や基準を満たすことだけを考え、自分たちが原発の安全に一義的に責任を持っていることを意識して被害の拡大防止策についての真摯な検討を行ってきたとは到底見えない。

また、国や自治体も事故が起こることを前提とした被害の拡大防止策を準備し実行したとは到底思われない。原発の利便を享受するのであれば、事故を起こさないようにしようとするだけでなく、同じ真剣さで事故が起こるものとして対応を準備し実行しなければならなかったのである。

　一方、住民は単に被害者としてだけ扱われることが多いが、それだけでは不十分である。原発の周辺に居住するのであれば、自らの被害を最小にするために、少なくとも事業者に対して事故の防止策だけでなく事故の際の対応策の準備を要求すべきであったし、自らの責任で避難することまで想定しておくべきだったと考えられる。原子力は安全であるという"安全神話"に惑わされたり、事業者や行政の言うことを鵜呑みにしたりせず、事故をあり得ることとして対応を考えておくべきだったと思われる。

　今回の事故では、放射性物質が外部に飛散することが想定されていないために対応策が策定されていなかったし、対応策を実行するために必要な準備が十分行われていなかった。また、そのような対応策を計画すれば住民に原発の危険を意識させることになり、事業がやりにくくなるという理由で、十分な知識を住民に周知させることもなかった。

　また、避難訓練は行っていたが、まったく形式的なもので、実際の事故が起こってみれば何の意味もない訓練でしかなかったのである。事業者および国は自らの責任を果たしていなかったと言わざるを得ない。

　実際に放射性物質の発電所外への放散が予想される事態になったときに自治体に出された避難指示は単に「逃げろ」というのみで、屋内退避が適当か、避難すべきか、また避難するとすればいつ、どこに、どのように避難すべきか、というような具体的な指示はまったく行われなかった。また、自治体がそれを判断するための放射性物質の飛散

状況についての情報もまったく発信されなかった。

　放射性物質は目に見えず、匂いもなく、それが存在していることを人間の五官で感じ取ることができない。そのため、適切な情報がなければ自分では何も判断できないのである。必要な情報がないまま16万人もの住民が居住地から突然引き剥がされ、丸2年たった2013年3月現在でもほとんど帰還できない状態が継続しているのである。

　また、周辺住民だけでなく国民すべてが原子力発電や放射能を正しく理解していなかったために、放射性物質を必要以上に恐れ、不要な風評被害を招き、被害を拡大させた。原子力発電や放射性物質に関する教育を小学校・中学校の義務教育の中で行い、国民が正しい判断が行えるようにしておくことが必須である。大事なのは、放射性物質のもたらす不利益を他の不利益と比較し、全体としての被害を最小にするという考えを持つことである。

　原子力発電や放射性物質についての正しい知識を持ち、原発が利便と危険の両面を併せ持つことを意識し、事故が起こった時の被害の全体像を把握して十分な準備がしてあれば、現在のような場当たり的な対応ではなく、もう少し適切な対応ができたはずである。

6　避難がもたらすもの

　原発事故により避難を強いられた地域では、自らの生活が崩壊し、家族が崩壊し、職場が崩壊し、地域社会が崩壊し、そして人心までもが崩壊する。

　最も人間を痛めつけるのは、人間を取り囲む環境の激変である。避難によって放射性物質よりもはるかに大きな環境激変による影響を避難者は受けている。避難者たちは肉体的にも精神的にも痛めつけられ続け、結果的に人間としての尊厳が傷つけられている。このような状態で長期にわたる避難を継続することが、総体としての人間を最も傷

つけることになる。

　このことを端的に表しているのが「震災関連死」である。第1章で述べたように、震災が起こった直後から2012年9月末までに震災関連死した人は全国で2300人余り、その中で福島県で亡くなったのが1121人で、半数近くを占めている。津波や地震で苦しい生活を余儀なくされたためもあるが、福島県の震災関連死の死者の大半が原発事故で強制的に避難させられたり、生活環境が悪化したりしたことが原因であると考えられる。

　また、原発事故による環境激変の影響はこのように亡くなった人の数という形で現れるものばかりではない。福島県の16万人という避難者のうち多くの人が健康障害や精神的障害など数値で表せない苦しみを背負っていることを忘れてはならない。

　原発事故を考えるとき、発電所内部で起こったことにだけ注目していたのではほとんど何も見ていないに等しいことは肝に銘じなければならない。

　避難そのものが人間に与える影響については、1986年に起こったチェルノブイリ原発事故での避難にその実例を見ることができる。当時のソビエト連邦政府が行った強制的な避難措置の結果、避難させられた人の平均寿命は、避難しなかった同じ地区の住民に比べて7年も短縮したという最近の研究結果がある（ロシア政府報告書『チェルノブイリ事故25年　ロシアにおける影響と後遺症の克服についての総括および展望1986〜2011』2011年。中川恵一『放射線医が語る被ばくと発がんの真実』ベスト新書、2012年）。避難しなかった住民は、放射線の影響を受け続けていたかもしれないが、結果的にそれによる健康被害より、避難がもたらす肉体的・精神的な影響の方が大きかったと考えられる。

　この例からも、長期間の避難を判断する際、人間の健康を総合的に考えなければ、結局人間を大いに痛めつけることになりかねないことに十分留意しなければならない。

地域全体でできるだけ早く帰還して元の生活に戻ることができるような努力をすべきであるが、逆に今後も長期にわたり帰還できないことが考えられるのであれば、戻ることを前提にした対処だけではなく、避難した人間の健康と生活を考え、それぞれの人に合った別の居住地で新たな生活を始めるという選択肢も考えに入れ、最終的には当人の判断・決定に委ねるべきであろう。そして、判断に必要な情報を国や関係機関が速やかに発信すると共に、国としての基準を速やかに策定することが求められる。

7　除染は可能か

放射性物質は消せない

　まず、放射性物質は消すことができないことを知らなければならない。原発から周囲に放散された放射性物質を取り除きたいと考えるのは自然である。しかし、中和剤を加えて化学物質の毒性を消すように、放射性物質に対して何かの処理をすれば放射能がなくなるということはあり得ない。

　事故で様々な放射性物質が放出されたが、甲状腺での蓄積が問題となる半減期が8日の放射性ヨウ素131はごく短期間のうちにキセノンという非放射性物質に変わり、半減期が2年のセシウム134は事故後2年経過した現在、約半分が非放射性のバリウム134に変わってしまっている。除染で問題になるのは半減期が30年と長いセシウム137で、セシウム137は放射線を放出しながら非放射性のバリウム137に変化する。セシウム137からの放射線は30年経つと半分、60年経つと4分の1、90年経つと8分の1になり、100年経つと約10分の1になる。飛散した放射性物質への対処は、放射能の減衰に頼るしかないのである。

　このことを前提に考えると、放射性物質の存在を認め、人間への影

響を最小にする方策を施した後、時間が経過して放射能が減少するのを待つのが最良の策ということになる。

現在国や自治体などが考えているのは、放射性物質が付着した土や木の葉、その他の物質をすべて集め、どこかでそれを保管する方法である。このような方法をとろうとするのは、多くの人たちが放射線量にかかわりなく、放射性物質が身近なところにあること自体に不安を感じているからである。しかし現状を見れば、その方法は恐らく失敗すると考えられる。保管場所となる地域も保管場所への経路にあたる地域も、それを拒絶していることを見れば、このことは明らかである。

その場処理

では対応策はないのかというとそうではない。一つだけある。それは、それぞれの場所で人間の生活に影響が出ないように放射性物質を保管する「その場処理」を行うことである。

「その場処理」の具体的な方法を挙げてみよう。

除染に有効で最も簡単なのはそれぞれの場所に「灰塚」を作ることである（図5−15(a)）。たとえば25m×25mの土地で表層土を5cm取り、5m×5mの塚を作ると、塚の高さは1.25mとなる（図5−15(i)）。

灰塚というのは、われわれの先祖が火山灰を処理した方法である。日本

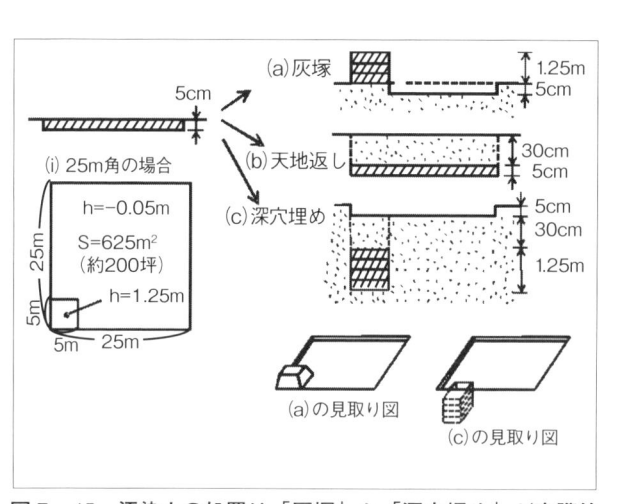

図5−15　汚染土の処置は「灰塚」か「深穴埋め」が実際的

は火山国であり、過去に多くの地域で火山の噴火を経験してきた。火山からの降灰により耕作ができなくなると、灰を住民それぞれが一ヵ所に集めて灰塚を作った（浅間山麓埋没村落総合調査会、東京新聞編集局特別報道部共編『嬬恋・日本のポンペイ』東京新聞編集局、1980年）。そして耕作を再開する。除染にもこの昔からの知恵を適用することができる。除染によって集めた汚染土等をそれぞれの場所で保管し、放射能が減少するのを待つのである。

　次に、実際に学校の校庭などで行われた「その場処理」が「天地返し」である（図5−15(b)）。この方法は効果はあるものの、手間と費用がかかりすぎるために学校の校庭などの他にはあまり行われていない。

　また、この完全な天地返しの他に「反転耕」と呼ばれる方法がある。これは「天地返し農地版」とでも呼ぶべき方法で、鋤状の農耕具を取り付けた耕作機械で連続的に土の塊(かたまり)を反転させて実質的に天地返しに近い状態を作り出すものである。ただし、この方法は汚染土と汚染されていない土を混ぜることにより空間線量を下げることはできるが、土の表面に付着している放射性物質を確実に地中深くに隔離する天地返しに比べると、放射性物質の隔離という点では不十分であると言えよう。

　もっと有効なのは、そこに深い穴を掘って汚染物質を埋め、汚染されていない土で覆う「深穴埋め」の方法である（図5−15(c)）。

　深穴埋めでははじめに除染しようとする土地の一角に深い穴を掘り、汚染されていない土を脇に寄せておき、除染したい範囲の表土を5cmの厚さでかき取り、穴の中に投入する。汚染された表土をすべて深穴に投入したら、あらかじめ脇に寄せていたきれいな土で穴に蓋をする。こうして汚染された物質を人間の生きている空間から隔離することで、放射線による人体への影響をなくすだけでなく、汚染物質を直接見ることによる精神的影響からも隔離されることになる。

この深穴埋めによる方法が実際的であることについて、筆者の推測を混えてもう少し詳しく考えてみる。原子炉から外部に放出されたセシウム137（以下セシウム）は空中の水（雨）に溶け込んで、地上に降下し、水とともに流れていく。水に溶け込んだセシウムは水が土の粒子の間を流下する際に土の粒子（たとえばケイ酸（SiO_2））の表面に接触するとそれらの結晶体の表面に電気的な力（イオン力）で吸着し、原子レベルで結合する。このような結合（沈着）が生じるとセシウムは水に再び溶け出すことはほとんどない（図5-16）。簡単に言うと、セシウムは土の粒子につかまってしまい、逃げ出すことができない状態になっているのである。

　このようなメカニズムはすでにかなり研究されている（「土壌―植物系における放射性セシウムの挙動とその変動要因」独立行政法人農業環境技術研究所研報31、2012年）。現地で観察すると、いくつかの傍証となる事実がある。それらを例にあげると次のようになる。

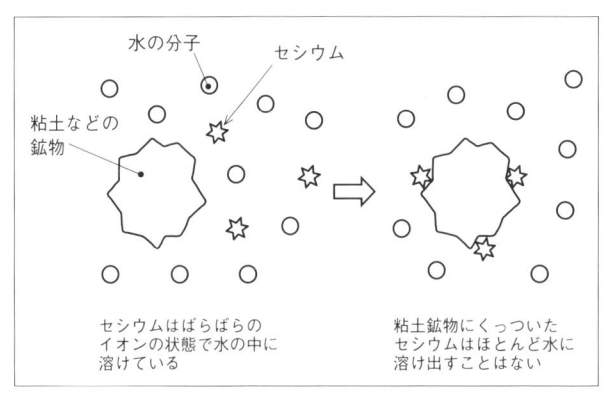

図5-16　放射性セシウムが土の中で固定されるメカニズム

- 屋根や樋、セメント製の流路の線量は周囲に比べて高く、時間が経っても変わらない。
- 瓦や路面はブラシなどで擦っても線量は下がらず、削り取らない限り線量は下がらない。
- 土中での線量は表面で最大で、深さ方向に指数関数状に減少する。ほとんどのセシウムは表面から3cm位の深さまでで沈着しているので、表面から5cmの表土をはぎとれば汚染土を取り除

くことができる（図5-17）。
・この分布の形は時間が経っても変わらず、時間に応じて指数関数状に減少するだけである。
・原発事故後2年経つと、小川の水からはセシウムはほとんど検出されない。たまに多量の雨が降ったときには少量のセシウムが検出される。これはセシウムが吸着した土の微粒子が流れているためであり、セシウムが直接に水に溶け出しているわけではないと思われる。

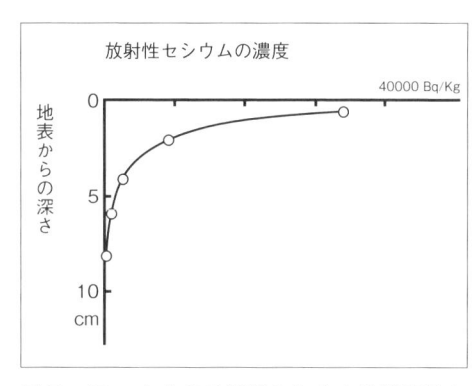

図5-17　土中の放射性セシウムの鉛直分布の例
日本学術会議土壌科学分科会主催　放射能除染の土壌科学シンポジウム　2012-3-14資料より筆者作成

　これらの事実（推測を含む）から、事故から2年経った現在、セシウムは原子レベルで空中に浮遊したり、水中に漂っているようなことはなく、土の粒子や木の葉などの固体と結合し、水に溶け出すことはほとんどないと考えることができる。
　このように考えると、セシウムが再び溶け出すことはほとんどないので、深穴埋めを行う際は汚染物質をビニール袋などに入れる必要もなく、汚染物質を深い穴に埋めて人間に対して害を与えない状態で保管し、あとは時間が経って放射能が減少するのを待つのが最も実際的だと考えられる。
　ここで示した考え方はすべてが検証されているわけではないが、筋道は正しいと思われる。原発被災地の厳しい現況を見ると、このような考え方を真摯に俎上に載せ、対策に取り入れることを筆者は強く願っている。
　現在行われている除染は、汚染物質すべてを一ヵ所に集めて保管しようとするから、それぞれの利害が対立し、結論が出なくなるのであ

る。いつまでも汚染物質を大規模に集めて保管する方式に固執していると、除染が進まず、帰還できず、地域が崩壊したまま復旧することが益々難しくなる。

　このように考えると、除染については放射性物質は消すことができないことを前提として、「その場処理」で「深穴埋め」を行うのがもっとも実際的ではないだろうか。国や自治体の方針に沿った方式で時間を空費することなく、避難を強いられている人たちが中心となって、このような方策を積極的に取り入れることが期待される。

第6章

福島事故の教訓をどう生かすか

1　事故に学ぶ

知識にしなければ生かせない

　福島原発事故は原子力というエネルギーとして大変魅力的だが非常に危険な技術を扱うときに何を考えなければならないか、何を準備しなければならないか、どのように取り扱うべきかを教えてくれた事故であった。また、この事故は、原子力発電という一つの技術に留まらず、多くの技術分野に共通する技術的な課題を明らかにするとともに、大きな災害に向き合うのに必要な考え方についても多くの示唆を与えてくれた。われわれはこの事故が教えてくれていることを十分に学び取らなければならない。

　事故の教訓を生かそうとすると、何がなぜ起こったのかを明らかにするために調査が行われ、報告書が作られる。また、得られた情報を生かすために、具体的な事例を収集したり、データベースを作ろうとしたりすることが多い。しかし、ただ集めて個々の事象についての分析や総括を行うだけでは、教訓が生かされることはなく、時間が経つと全て忘れられてしまう。

　重要なのは具体的な事例から上位概念に上り、抽象化・普遍化して知識にまで高めることである。いったん知識にまで高めておけば、後になってその知識をその時々の社会情勢や技術の状況に応じて置き換え、それぞれのケースにあてはめて考えることが可能になる（図６−

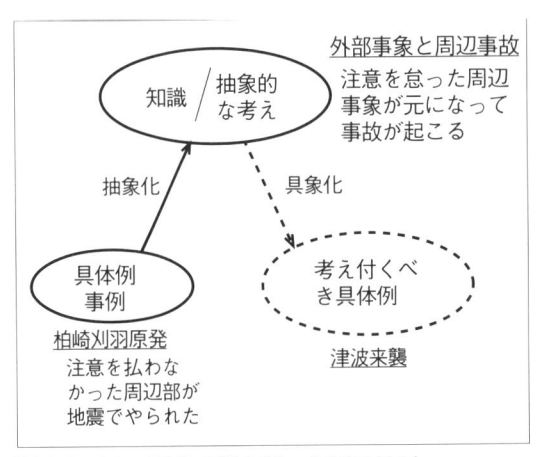

抽象概念に上り、具象化で下ると新しい具体例に気づく。
図６−１　失敗の知識化と知識の適用

1）。

　十分な知識化を行い社会全体で共有することを怠ったために事故の教訓が生かされなかった例として、東京電力柏崎刈羽原子力発電所の例がある。

　2007年に東電柏崎刈羽原発が新潟県中越沖地震で被災した。原発の重要設備については地震対策を十分講じていたために、それらの設備には大きな被害はなかったが、周辺部の設備等が破損した。幸い深刻な事態に至ることはなかったが、注意を払わなかった周辺機器の損傷のために長期間発電できない状態が続いた。結局運転再開まで2年以上を要し、設備の復旧だけでなく、代替燃料等に多大な費用がかかった。

　この被災から、重要設備のみに注力するだけでは不十分で、周辺部まで含めた全体を考えて必要な対策を打つべきであることを学ばなければならなかったのである。たとえば地震だけに着目した安全対策のように注意を一ヵ所に集中するとそれ以外の部分への注意が疎かになり、そこが元となって大事故に発展する可能性があることにも考え至らなければならなかったのである。この注意を怠った対象が正に津波だった。

　事故で得られた教訓を知識にまで高め、原子炉などの重要設備以外の周辺機器等で起こることが元になって過酷事故に発展するとしたら福島原発ではどのようなことがあるかを考えれば、原発の安全を損なう要因として地震だけではなく、津波にも思い至ったであろう。

　しかし、事故から引き出される教訓をさらに高めて知識化し、普遍化しておくという考えも、その知識を様々な具体例に当てはめて考えるという考えもなかったために、津波による危険に気付くことなく、結果として見落としたまま大事故に至ったのである。

仮説を加えて全体像を作ると豊かな知識体系ができる

次に大事なのは、仮説を加えて事故の全体像を作ることである。事故や失敗に至った事象の繋がり（これを「脈絡」と呼ぶ）を辿るだけでなく、他の選択肢をとっていたらどうだっただろうかと考え、成功に至る脈絡も併せて考えるのである。このように、実際に起こったことだけでなく仮説を加えて全体像を作ると、豊かな知識体系ができる（図6-2）。

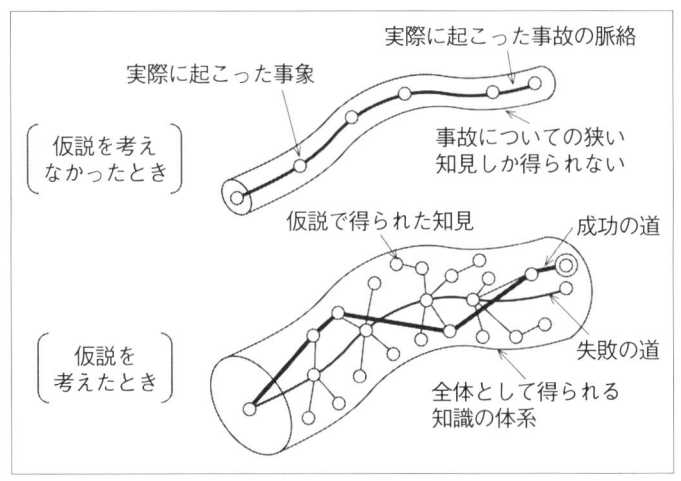

図6-2　事故で起こった事象に仮説を加えて全体像を作ると豊かな知識体系ができる

事故の事態の進行中は、刻々と変わる事態の進行に合わせて何かを選択・決断し、実行しなければならない。事態の進展の各段階で選択したものを繋いでいった結果の一つが「失敗の道」である。一方、それぞれの段階で仮に別の選択をしていればうまくいったかもしれない。その脈絡が「成功の道」である。

多くの場合、事故調査は失敗の道のみを詳しく分析し調査するが、事故で学んだことを次に生かそうとすれば、このような仮説を立てて

成功に至る道を明らかにしておくことが必要である。

　たとえば、今回の事故では全電源喪失の最低限の対策として自家発電機付き・移動式のコンプレッサーを準備していれば、過酷事故に至らなかった可能性があることがわかった。このことから、国内の原発各所では、この事故の後電源車の高所配置等の対策をすぐに打った。しかし、そのような過酷事故対策は、事故前に行っていなければならなかったのである。それに気づくためには、事故や失敗に至った脈絡をつぶさに調査・検証するだけでなく、成功の道の探索も含めて全体像を考えることが必須である。そうすることによって、現在存在している他の課題もまた見えてくるはずである。

事故が起こってから考えても間に合わない

　人間は自分の目の前に起こっていることに対応しようとするとき、頭の中では様々な選択肢を考え、その可能性を探って考えを作り上げていく。このような思考の試行錯誤には非常に時間がかかり、事態の進行が速く、とっさに選択・決定しなければならないときに一つずつ論理を積み上げて正しく判断・行動することは不可能である。特に今回の原発事故のように様々な現象が同時に非常に速く連続して起こる場合には、どんどん進行する事態に対応して考えを適切に進めることができない。

　また、その時々の選択はその時点で見えているものの中でしか判断され得ない。当事者は事故が起こったとき、全体像を持つことができない中で判断を強いられることが多い。当事者は全体像を持たずに考えざるを得ないことを自覚するとともに、常に全体像を捉えるための準備をしておくことが必要である。

　事故のような緊急の際は、事前に考えておいたことだけが使える。事故が起こる前にあらかじめあり得ることやその全体像、それに対する対応策を考えて頭に蓄えておき、その記憶の中から対応を迫られて

いることに適用できるものを引き出して判断・実行するのである。

　しかし、すべてのことを事前に想定し、対応を考え、準備し、それを正しく選択することは実際には不可能である。そのような事態に至ったときに頼りになるのは、考えつくした結果の記憶ではなく、考えることで頭の中にできる"思考回路"である。

　事故が起こったときには、事故が起こる前に考えて準備してあったことしかできないということを肝に銘ずると共に、日頃から仮想演習を繰り返し行って頭の中に思考回路を確立して、意識しなくてもその考え方ができるようにしておくこと、実地訓練で身体を動かして体感として覚えること、などを実践しておかなければならない。

有事と平時

　原発事故があったときの対応の仕方を定めた国や自治体の基準やマニュアルでは、有事にも平時の方法で対応しようとしている場合が多い。基準やマニュアルが最初から有事をも想定した内容になっていれば、そのままでも対処可能である。しかし、事故で起こる事象の変化が速いときや想定以外のことが起こったときには、最初に決めた方法を守ろうとすれば対処不能になる。

　第3章および第5章で述べた安定ヨウ素剤服用指示に関するいきさつは、このような平時の方法を守ろうとしたために適切な対処が行われなかった例である。安定ヨウ素剤の服用指示は、安全委員会が現地対策本部医療班に助言を行い、緊急事態対応方針決定会議が予防服用案を決定して、国の原子力災害対策本部に報告し、同本部の決定を受けて、現地対策本部を経由して都道府県知事へ、知事から住民へと順次伝達されることになっている。

　だが、安定ヨウ素剤はヨウ素を体内に取り込む前に服用しなければ意味がない。このことから、ヨウ素が放出されそうなとき、またはその恐れがあると判断された時点で服用指示がすぐに伝達され、服用さ

れなければならないのである。しかし、安定ヨウ素剤の服用指示に関する規定を守ろうとすれば、すばやく対応することは不可能である。

一方、三春町のように、自治体が自らの判断ですでに配布してあった安定ヨウ素剤の服用を指示した自治体がある。これに対し福島県は上部機関の指示がないのに安定ヨウ素剤の配布・服用指示をしたことを問題視し、指示の訂正と回収を指示した。このような福島県の対応は有事に通用しない不適切なものと考えられるが、このようなことが今回の緊急時の最中に平然と行われていたのである。

このような例からすると、平時のやり方で有事に対処することはできないということが結論付けられる。形式に捉われてそれに従おうとしたものは、事態の進展に間に合わず、事の軽重を正しく把握することができず、誤った判断をしてしまうことが、今回の事故で明らかになった。

それでは有事に対応するにはどうすればよいのだろうか。第一に、あらかじめ有事の際にあり得ることを考えつくして、正しく選択する準備をしておくことである。緊急事態への対処を考えるのであれば、事態の進行が速いことを考えに入れた方法を事前に定めておくことが必須である。

それと同時に、あらかじめ考えて準備していたこと以外のこと、言いかえれば想定外の事態が起こったときにも適切に対応することができるようにするため、個々人が仮想演習などによって頭の中に思考回路を作るとともに、判断の基準となる価値観を確立しておかねばならない。さらに組織としてもその価値観の共有を行っておかなければならない。

2 委員長所感

筆者の一人である畑村は、政府事故調の最終報告書の最後で「委員

長所感」を述べた。「所感」で述べたことは、今回の事故で学んだことを知識化したものである。事故調の委員長就任時に、100年後の評価に耐える事故調査にしたいと考えた。そのためには事故で学んだことを知識化すること、しかも時代が変わっても様々な分野に適用できるように普遍化することが重要だと考えたからである。「所感」を報告書の記載通りに再掲すると、以下の7項目である。

①あり得ることは起こる。あり得ないと思うことも起こる。
②見たくないものは見えない。見たいものが見える。
③可能な限りの想定と十分な準備をする。
④形を作っただけでは機能しない。仕組みは作れるが、目的は共有されない。
⑤全ては変わるのであり、変化に柔軟に対応する。
⑥危険の存在を認め、危険に正対して議論できる文化を作る。
⑦自分の目で見て自分の頭で考え、判断・行動することが重要であることを認識し、そのような能力を涵養することが重要である。

7項目のうち、①、②、⑤の3項目はものの見方・考え方について述べたものである。また、③、④は組織のあり方について述べたものである。さらに、⑥は文化のあり方について、⑦は個人のあり方について述べている。以下の項で、それぞれについて対応する事故の事象を引用しながら、詳しく説明する。

ものの見方・考え方について

あり得ることは起こる。あり得ないと思うことも起こる（①）
　1977年に原子力委員会が行った「発電用軽水型原子炉施設に関する安全設計審査指針」の見直しで、「……高度の信頼度が確保できる電

源設備の機能喪失を同時に考慮する必要はない。長時間にわたる電源喪失は、送電系統の復旧または非常用発電機の修復が期待できるので考慮する必要はない」とされ、さらに、93年に原子力安全委員会でも長時間の交流動力電源喪失は考慮しなくてもよいとされた。

このような指針が設けられた背景には、日本の電気の品質への過信があると考えられるが、これらの指針のため、日本の原子力発電は長時間の電源喪失を想定した準備、訓練等の必要性を考えないという誤った方向に進んでしまったのである。

人間は頻発する細かいトラブルに注意を集中しすぎると、発生頻度が低いが、一度起こると重大な結果をもたらすような事象を見落とす傾向がある（図6－3）。「あり得ることは起こる、あり得ないと思うことも起こる、さらには思いつきもしないことさえ起こり得る」と考えて、国内外で起こった事柄や経験に学び、あらゆる要素を考えて論理的にあり得ることを見つけると共に、最低限の対策を打っておくことが必要である。

ことに原子力発電所のように、過酷事故が起こった際の被害が甚大になる場合は、原発内部で起こるヒューマンエラーなどの内的事象だ

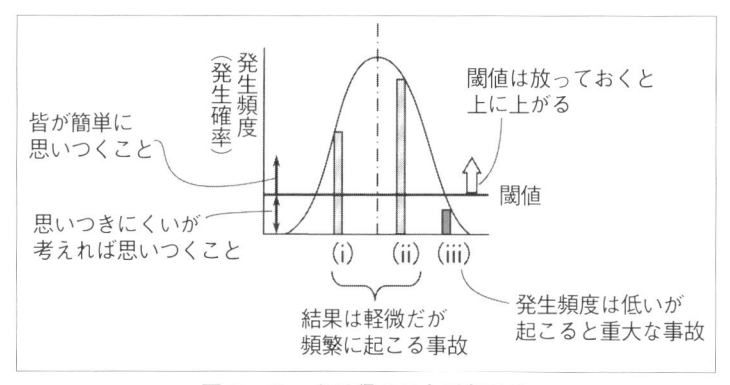

図6－3　あり得ることは起こる
　　　　あり得ないと思うことも起こる
　　　　思いつきもしないことさえ起こり得る

けでなく、設計基準を大幅に超える自然災害やテロなどの外的事象により、炉心が重大な損傷を受ける場合を想定し、有効な過酷事故対策を検討・準備すべきである。

見たくないものは見えない。見たいものが見える（②）

　人間は物を見たり考えたりするとき、自分の利害、組織・社会・時代の影響により、自分が見たくないもの、都合の悪いことは見えず、自分が見たいものが見たいように見えてしまうものである。

　福島第一原発の設置許可申請がなされた当時の津波の想定高さは、記録の残る最大値であるチリ地震津波の3.1mであった。その後東京電力は、想定高さを5.7m、6.1mと順次高めて対策を打った。一方で869年の貞観津波の調査が進み、10mを超える巨大津波の可能性が指摘されたが、地震学者らの間では「福島沖には巨大地震は発生しない」という、いまになってみれば完全に誤った見解が支配的であったこともあり、貞観津波は科学的に不確かな情報として対策には至らなかった。

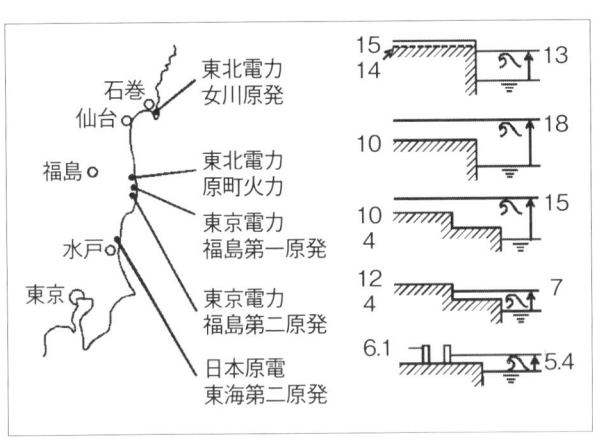

三陸海岸では高い津波は来るものと思っていたが、
仙台湾以南では高い津波が来ることは誰も考えていなかった。

図6-4　原発の敷地の高さ（海抜）と襲来した津波の高さ

　津波の想定が甘くなっていた原因の一つとして"地域の気に包まれていた"ということも考えられる。"気"とは、明示されていなくても、一つの集団や地域、文化圏に属す人々が共通して持っているマインドのことである。

　津波に関する福島県あたりの"気"はどのような

ものだったのだろうか。東北地方の太平洋沿岸の地域でも場所により津波への警戒心は異なる。宮城県の牡鹿半島以北の三陸地方では、明治三陸大津波や昭和三陸大津波が人々の記憶に残っているため、津波への警戒心が非常に強い。しかし、仙台湾以南の地域では津波に対する警戒心はまったくなかったと言ってよい。それを象徴しているのが、東日本大震災で、仙台湾の北側に面する石巻市に死者・行方不明者が非常に多かったという事実ではないだろうか。それよりさらに南の福島原発周辺の地域でも、津波への警戒心はほとんどなかった（図6－4）。

東京電力が巨大津波の可能性を指摘されながら十分な対策をとらずにいたのも、津波を警戒しない地域の"気"に包まれた中で、「見たくないものは見えない」、言い換えれば「都合の悪いことは考えない」状態に陥っていたからと言えよう。

このようなことを防ぐには、自分に都合の悪いことから目を背けようとする人間の性向を常に自覚し、必ず見落としがあると意識し、見

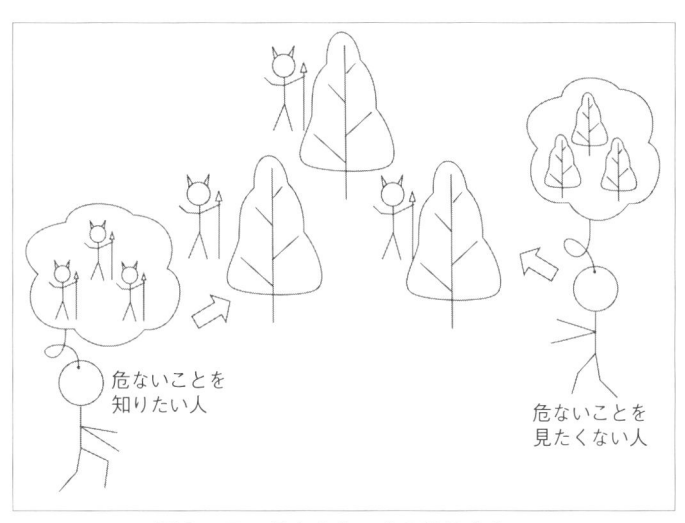

図6－5　見たくないものは見えない
　　　　──視点を変えれば危険が見える

たくないもの、都合の悪いこと、起こって欲しくないことをあえて見つけようという姿勢が必要である。図6−5で言うと、危険なものを見たくない人には木の後ろに隠れている鬼は見えないが、"いやなもの"を見つけようという姿勢で臨むと鬼が見えるのである。

すべては変わるのであり、変化に柔軟に対応する（⑤）

　知見や知識、周囲の状況、社会の考え方等、すべては変わるということを前提に、すべてを固定化することなく、変化に応じた適切な対応を模索し続けなければならない。

　たとえば、東京電力は、前述したように、福島第一原発設置当初には十分な知見がなかった津波についても、その後の地震学の進歩や貞観津波の調査により、福島県の太平洋沿岸への津波襲来の可能性に関する知見が増していたのに、それに注目しなかった。

　また、海外では、スリーマイル島原発事故やチェルノブイリ原発事故、台湾第三（馬鞍山）原子力発電所の電源喪失事故、フランス・ブライエ原発の洪水による電源喪失事故、米国の9.11同時多発テロ等により原発事故に関する知見が増していたのに、それらを十分取り入れなかった。

　一方、原発に対する国民の考えも時間と共に変わる。事故から2年後の現在は原発廃止の意見が強いが、これは事故直後にありがちな一種の過渡応答であると考えられる。

　実際、原発事故後の原発に対する国民の考えが時間とともに変化する例を米国に見ることができる。米国では1979年にスリーマイル島原発で事故が起こった後、原発の新設計画を停止していたが、約30年後の2012年に原発の新設が認可された。

　このように、今後の原子力発電を考える上では、時間の経過とともに、原子力発電に対する社会の考え方も変化することを考えに入れなければ判断を誤ることになる。

組織のあり方について

可能な限りの想定と十分な準備をする（③）

　福島原発では地震の想定と備えは相当なされており、今回も原子炉等の重要設備には地震による大きな損傷はほとんどなかったと考えられる。しかし津波の想定は貧弱で、備えはほとんど何もなかった。予期せぬ事態の出来に十分な備えがあれば、今回のような大事故に至らなかったと考えられる。

　"可能な限りの想定と十分な準備"というと、想定を無限大にしてそれに耐える防潮堤をつくることだと考えるかもしれないが、それを実行しようとすれば、費用が限りなく嵩み、結局は実現不能となる。

　ここで述べているのは、予期せぬ事態が起こっても最悪の事態に至らないよう、対策を打つことが必要であるということである。たとえば、建物に水密扉を設け、非常用の移動式の電源とコンプレッサーがあれば、今回のような悲惨な事態には至らなかった。

　また一方で、どんなに調べても考えても気付かないことが残っているということを認めることも必要である（図6－6）。そして、"思いつきもしないことが起こる"可能性を否定せず、最悪の事態に至らないような備えをすることである。これは、もともと人間の考え自体に欠落があることを謙虚に認めるということである。

　このときに必要となるのは、"防災"だけでなく"減災"という発想である。減災というのは、被災しないように対策を打つだけではなく、たとえ被災したとしても被害を最小に抑えるよう対策を打つということである。

　日本では安全神話が象徴するように、原発の安全を絶対視するあまり、事故が起こることを前提として減災策を考えることさえ十分に行うことができなかった。事故であれ、自然災害であれ、防災策で防ぎ

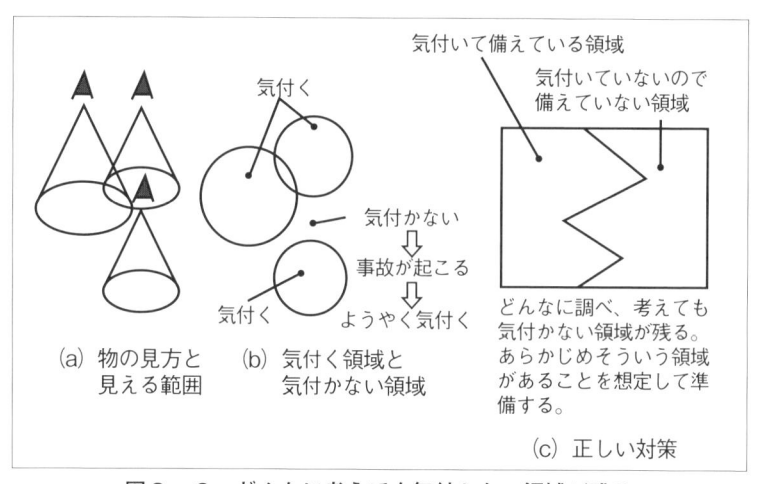

図6-6　どんなに考えても気付かない領域が残る

切れればそれに越したことはないが、だからといって被災を前提とした減災策が不要であるということには決してならない。

形を作っただけでは機能しない。仕組みは作れるが、目的は共有されない（④）

　何かの組織を作っても、組織の構成員がその組織が何を目的とし、社会から何を預託されているかについて十分自覚していなければ、全体としては所期の機能を果たせない。また、何かのシステムや設備を作っても、それを使用する組織員がその仕組みが目的とするところを理解していなければ、十分活用できない。

　たとえば、第5章で述べたように、SPEEDIはその運用に携わる組織が放出状況が確認できなければ正確なデータは得られないと認識していたため、地形情報と気象状況から事故当時どの方向に放射性物質が飛散するかは予測できていたにもかかわらず、その情報は公表されず、避難に活用されなかった。そのため避難者は原発からただ遠ざかることだけを考えざるを得ず、最も多くの放射性物質が流された方向

に逃げた人たちも多かった。このようなことが起こったのは、SPEEDIの運用者たちがSPEEDIを整備した目的を十分理解していなかったからに他ならない。

また、第3章で述べたように、原発から5kmの距離にある、事故の際に現地災害対策本部の拠点となるべきオフサイトセンターは、放射線防護設備の予算はとってあったのに3年間も何も行われなかったため、実際に事故が起こったときには使用できず、その機能は遠く離れた福島県庁に移さざるを得なくなった。これもいくら形だけを整えても必要な機能を果たせなかった例である。

今回の事故の経緯を振り返ると、このような例が非常に多い。誰も本当に過酷事故が起こるとは考えてはおらず、形だけの対策になっていたことが見て取れる。

もし過酷事故が起こり得るという前提ですべてが考えられていれば、事前に対策の不備を見つけられたはずだし、どのような状況では何が可能かを事前に考えておくこともできたはずである。さらに、机上の計画や対策を実地に行ってみれば対策の不備にいやでも気づいたはずである。机上で完璧な策に見えても、シミュレーションでいくら訓練しても、実際にやってみなければ抜けていることに気づくことはない。

このように形だけ立派にできていても、実際にその機能が果たせなかった根本的な原因に組織構造とそれに属する人の問題がある。

ほとんどの組織は縦割りの構造である。縦割り構造は平時の仕事を能率よく確実に遂行するのには大変有効である。しかし、このような組織構造は、事態が急速に進展したり、課題自体が刻々と変化していくような有事にはまったく機能しなくなる。有事には横方向の連携が必要となる場合が多いからである。有事に適切な動きをするには通常の縦割り組織の壁を取り払い、いわゆる"横串を通す"組織運営が求められる。しかも、いつ、どのようなときに、この横串の組織運営を行

うかは事前に定めておかなければ、いざ事が起こってから、いつ始めるかを考えたのでは遅すぎる。

　今回の事故では、あらかじめ有事の組織運営がまったく考えられないまま、急速に変化する重大な事象が起こった。後から考えれば、まったく適切さを欠いた組織運営であったと言わざるを得ない。

　この縦割り組織の問題は何も福島原発事故における国や自治体、事業者などに限ったことではない。日本中のあらゆる組織に共通の問題だと言っても過言ではない。SPEEDIにしてもオフサイトセンターの問題にしても、そこに属する一個人の問題、または単なる組織の問題として見るのではなく、広く我が国の中で行われている一般的な組織運用の問題として見る必要があろう。

　自分たちの組織が社会から期待された働きが十分できていなかったり、十分準備できていない部分があるとすれば、そこに注意を促すだけではなく、実行を求めるような俯瞰的な組織運営が必要だと考えられる。

　次に組織の長に求められることを考えてみよう。組織の長はそこで起こるすべてのことを最終的に決断し、実行しなければならない。今回の場合、国では菅総理が、福島第一原発では吉田所長がその任にあたっている。

　福島原発の事故が起こったとき、菅総理は様々なことを考えて決断しなければならなかった。そして組織は菅総理が考えたり判断したりすることをサポートするのが最大の任務であった。

　しかし、実際には菅総理が持つ疑問に適切な応答をしたり、必要な助言を行うことができたものはほとんどいなかった。その結果、総理自らが福島原発にヘリコプターで乗り込むという事態に至った。菅総理のこの行動が非常に問題視されたが、そのような末梢的な見方は適当とは言えない。トップの人間がその責務を果たすのに必要な事柄がまったく行われなかった、または間違った示唆を与えたという状況そ

のものを取り上げなければならない。

　福島第一原発の吉田所長の場合、組織の問題を十分に知り尽くしていたと考えられる。東電本店から海水注入の中断を求められたとき、海水注入の中断によって原子炉の状態が悪化することを恐れ、注入の中断を指示しているフリをしながら、実際には中断しなかった。形だけ取り繕わなければ全体が動かないということを熟知している吉田所長の大芝居である。

　菅総理にせよ、吉田所長にせよ、十分な機能を果たしていない組織の中で重大な判断・実行を求められたトップの辛さを垣間見ることができる。そしてわれわれは、ここで起こっていることを社会の根元的な課題と認識し、あるべき姿に改善していくための努力を払わなければならない。

文化のあり方について

危険の存在を認め、危険に正対して議論できる文化を作る（⑥）
　原子力はそもそもエネルギー密度が非常に高く、極めて危険なものである。このような危険なものを導入するに際しては、「危険だけれども使う」というところから議論を始めなければならないはずである。

　しかし実際には、いつのまにか「原子力は安全である」という言葉が独り歩きするようになった。その背景には、昨今の日本人が何に対しても絶対安全とか安心を求めるようになったことがあることは否めない。それが事故を前提とした減災策や被害拡大防止策の策定を阻んできたといえよう。

　"安全"というのは事故が起こらないことである。本当の意味での"安心"というのは、危険を考えなくてよい状態が実現できなければ得られないものである。しかし、絶対安全という理想的な状態を作り出す

ことは不可能であり、危険のない状態などあり得ない。

　では本当の安心はどうしたら得られるのか。危険の性質を知って、危険が発現しないように対策を打つとともに、たとえ危険が発現しても、被害を最小にする対策が打ってある状態にすることである。そのためには、危険を"悪"として目を背けるのではなく、危険を危険として認めるところから始めなければならない。

　安心を求めるのは人間として自然なことである。ふつうにいう"安心"は危険を考えないことである。しかし安心して危険を考えないから事故が起こる。安易な安心を求めてはならないのである。

　今回の事故前の原発に対する考え方は、原発推進派も反対派も、どちらも安全を求める方向でしか考えないという点で同じであった（図6-7）。推進派は想定された危険への対応策が講じてあることで原子力は安全であると主張し、反対派は対策が不十分であったり着眼点が異なっていることで原子力は危険だから使用すべきでないと主張していた。両者とも、事故は起こるものと考えて発生時の被害を最小に抑える策が必要であるという視点がなかった。

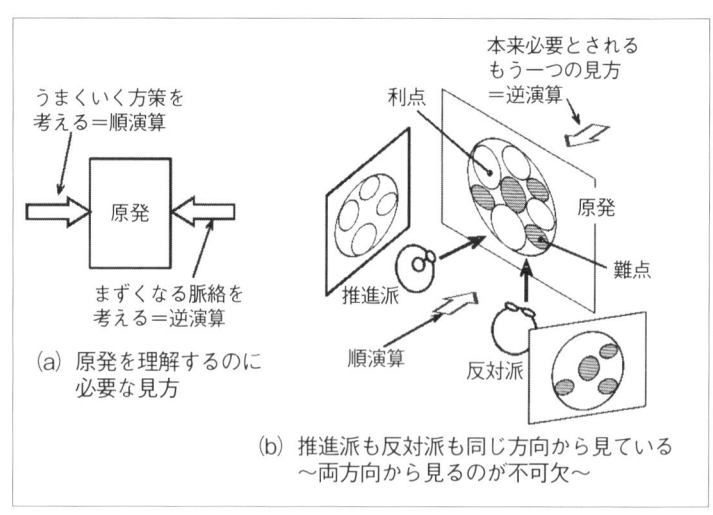

図6-7　これから必要となる原発についての考え方

人間の考えることについてはどんなに緻密に考えても必ず考え落としがあることを素直に認め、事故はあり得ることと考えて必要な備えをし、そしてそれが常に機能する状態を保つこと、これこそが真の安全を実現することなのである。

個人のあり方について

自分の目で見て自分の頭で考え、判断・行動することが重要であることを認識し、そのような能力を涵養することが重要である（⑦）
　今回の事故は3基のプラントが順次炉心損傷に至るという過酷なものであったが、それでも何とか現在の程度の被害で収まっているのは、最悪の事態を阻止した現場力があったからである。福島原発の作業員たちが死を覚悟して事故対応にあたったおかげである。様々な考え違いや不手際があったとはいえ、時々刻々と変化する事態に応じて、その場で何が用意でき、何が可能かを自分の目で見て自分で考えて、きちんとした判断をし、行動したからである。
　このように、主体的・能動的に行動できる個人となる、またはそのような個人を私たちは育てなければならない。
　今回は現場の作業員たちの働きによって、最悪の事態に至ることを阻止できたが、その一方で今回の事故は日本の原子力技術者たちのあり方を問うているように思う。技術者たちはこれまで意見を言わな過ぎたのではないだろうか。
　筆者の一人畑村の経験を紹介しよう。筆者が米国のサンディア国立研究所に行ったときのことである。その時話をしたのが1999年の日本のJCOの臨界事故調査に米国政府の調査団の一人として来日した人であった。彼は事故調査の際に技術者一人ずつにインタビューしたが、一人として自分の考えや意見をきちんと述べる者はいなかったという。技術者一人ひとりが自分の考えをきちんと持ち、その考えを外に

向かって発信できる国でなければ、原子力を扱う資格がない、と彼は言っていた。

「原子力は安全である」という言葉が偽りであったことは今回の事故が証明している。様々な安全対策は講じられていたが、それが十分でないことに気づいていた原子力技術者は当然いたはずである。そのような技術者たちがもっと自分たちの意見を声高に述べなければならなかったのではないだろうか。一人の技術者として主体的に判断し、能動的に行動する人間にならなければ、本当の意味の原子力の安全を図ることはできない。

これは原発の作業員や原子力技術者に限ってのことではない。私たち一人ひとりがこのように自ら考え、主体的・能動的に判断・行動できる個人となることが必要である。また、そのような個人を育てなければならないし、そのような個人が育つことのできる文化をつくっていかなければならない。

3　避難・帰還と除染をどう考えるか

3年、30年、100年

住民避難・帰還および除染を考えるに当たっては、住民への被害全体を最小にすることを基本とすべきである。事故が起こった直後に考えられたことは、時間が経つにつれて、その時々に起こることに応じて徐々に変化する。避難や帰還、除染などについても考えが変わっていくのが当然である。事故直後に恐怖で始まった対応に固執してはならない。

周辺住民が受けた被害は原発から多くの放射性物質が飛んできて自分たちの土地を汚染されただけではない。それよりもはるかに大きいのは、家庭が崩壊したり、地域社会が崩壊したり、職場がなくなったり、それまで使っていた土地が使えなくなったことによる精神的スト

レスである。いまわれわれがやらなければならないのは、それら全体を最小にするということである。

「放射能」を恐れるあまり、少しでも線量が高いところには住めないと考えて避難生活を続けたり、実現の可能性が低い除染計画に固執したりすると、かえって全体としての被害が拡大する可能性がある。

辛いことではあるが、いったん放射性物質で汚染された土地はどんな方策をとっても完全に元通りになることはないと考えなければならない。放射性物質そのものを消してしまうことは不可能で、一挙にすべてを解決する策はない。自然の摂理に従い放射能が自然に減衰していくことを待つしかないということを理解する必要がある。

半減期が30年と長いセシウム137の性質を考慮して被災地の今後を考えてみると、帰還などの当面の目標は3年、地域の復活に30年、ほぼ完全な復活には100年かかると考えるのが妥当だろう。

帰還の当面の目標を3年とするのは、10年、20年という時間が経てば、避難者たちが別の場所に生活基盤ができ、元の場所に帰ることができなくなってしまうことが考えられるからである。避難生活は住居、就学、就労など、すべてがあくまでも仮のものという意識で捉えられていると考えられる。期限を区切らなければ、いつまでも次の恒久的な生活の設計ができない。それが3年を当面の帰還目標と考える理由である。

地域の復活に30年と考えるのは、当面の目標である3年で帰還した人たちが地域での生活を再開して、次第に生活基盤が出来上がり、地域社会がかつての活性を取り戻すまでには約30年を要すると考えるからである。過去に大災害に遭った地域の例でも、地域としての活動が復活するには30年程度を要している。仮に20mSv/yが居住の限界だと仮定すると、30年で放射線量が半減することを考えただけでも、居住できない領域は現在40mSv/y以上の領域に縮小する。

また、福島県全体がほぼ完全な復活をするにはおよそ100年が必要

であろう。第5章で述べたように、セシウム137からの放射線は100年経つとほぼ10分の1まで減少する。事故に由来する放射線量が1mSv/y以上の地域も大幅に縮小し、現在居住不能と考える地域の多くが一部を残して居住可能となると考えられる。ただし、実際には放射能の半減だけでなく「weathering効果」として風で飛んだり海に流されたりして、計算より速く放射線量が下がると考えられる。それが、完全な復活までは約100年と考える根拠である。

　これらすべてを勘案すると、実際の環境の改善はもっと早く実現すると考えられるが、最後まで基準を超える領域がわずかではあっても残ることも覚悟しなければならない。これが原発事故の本質である。

　帰還の目標となる具体的な数値を例として挙げたが、いずれにせよ避難生活の長期化により生活破壊が進行することを考え、可能な限り早い時期に帰還することが大事である。避難は最低限の範囲で最低限の期間とし、避難による影響が最低限になるように考えるべきである。

　そのためには帰還した人たちが通常の生活ができるよう、国や自治体の責任で、すべてのインフラを整備することが必須である。住民がある程度の人数にならない限り、地域の自発的な経済活動や生産活動が復活しない。"放射能"を正しく理解して避難者一人ひとりが帰還を考えるだけでなく、地域社会全体としての帰還をなるべく早く行うべきである。

　現在、それぞれの地域の積算線量の今後の予想を表す地図が誰にでも理解できる形で明示されていないが、この地域の人々が将来の生活設計を考える上で、3年後、30年後、100年後の積算線量の分布図を作成し、今後各地域の値がどのくらいまで減少するかわかるようにするとともに、そこでどのように生活できるかを示すことが必須である。

現実的な解を求める

　第5章で述べたように、除染は放射性物質を消すことであると誤って理解している人がいるが、放射性物質を消すことはできない。除染についての正しい考え方は放射性物質の人体や生活への影響を最小にするにはどうするかを考えることであり、その唯一の方法は「その場処理」である。

　現在、除染によって集めた土などの汚染物質をまとめて、自分たちの生活圏から離れた場所に移動して保管することを考えた処置が行われているが、実際に起こることを考えれば運搬にしろ保管にしろ、その実現はほぼ不可能ではないだろうか。

　実施する上での障害がなく、しかも放射性物質による影響を最小にするには、すべてを一ヵ所に集めるのではなく、それぞれの場所で「深穴埋め」によって保管するという考えが実際的である。すなわち汚染された表土を薄くかぎ取り、それぞれの場所に深穴を掘り、そこに放射性物質が混ざった表土を投入し、さらに汚染されていない土で蓋をするという方法である。

　福島県の全面積の3分の2を占める山林の除染はいまだに手付かずである。住宅・学校・事業所などを安心して使用するには、それらを取り囲む山林を広範囲に除染しなくてはならない。現在のような住宅・学校・事業所などの周囲のごく狭い範囲を除染するだけの方法では十分な効果は得られない。

　放射性物質への正しい対処法を皆が理解し、共有することが求められている。その上で、除染にせよ、帰還にせよ、みなが納得できる方法を早く見つけ出し、実行しなければならない。それがなければ除染が進まず、帰還や地域復活がますます遠のくばかりである。

4　再稼働をどう考えるか

原発に対する考えが変わる

　現在、原子力発電廃止の機運がかなり高まっている。しかし、これは事故直後の一種の過渡応答ではないかと思われる。

　事故後、すべての原発が停止し、その後大飯(おおい)原発を除くすべての原発が再稼働できずにいる。日本各地で電力不足の状態が続き、電力料金も値上げされた。このような状態が続けば、原発事故が起こらなくても進行していた産業の弱体化がますます進んで円安となり、日本はエネルギーや食糧を十分輸入できなくなる可能性もある。日本人がそのような不便な耐乏生活に耐えられるのであろうか？　そのような状況の中、事故からの時間経過に伴い、社会全体の考え方が変わることも十分考えられる。今後の原子力発電を考える上では、このように人々の考え自体が変わることも考えに入れなければならない。

　第2次世界大戦後、復興が進んで経済活動が活発化するにつれ、電気の需要が増大し、電力が経済発展や生活向上の制約となっていた。そのような社会状況の下、関西電力は資本金の2倍もの費用をかけ、170人もの死者を出す難工事を行って黒部川第四発電所を建設した。ちなみに黒部川第四発電所の総発電量は33.5万kW、最新の日本の原発の1基の発電量の約4分の1である。日本は電力不足が続く中で、電力不足を打開するために1960年代に原発導入を決断したのである。このような歴史を振り返れば、今後また同じように電気を痛切に求める時代が来ないとも限らない。

　また、あと30年もすると、今回の事故を経験した世代が3分の2程度に減ってしまうだけでなく、事故をよく知らない世代が社会の中心となる。社会の構成員が変化すれば、社会全体の考え方が変わることも十分考えられる。

社会の原発に対する考え方が変わる例として、先に述べた米国の例もある。

このように、その時代の社会全般の情勢により原子力発電に対する社会の考え方も変化することを考えに入れなければならない。

原発は本当に安いのか

これまで原発の発電コストは他の燃料に比べて低いと言われてきた。しかし事故が起こって、実はそうではないことが明らかになった。筆者らは今回の事故による損害は公表されていない分も含めると、少なくとも50兆円はかかると考えている。これまでの原子力による累積（約50年）の総発電量を7.5兆kWhと考えると、1kWh当たりの事故による損害は約7円になる。事故を考えない原発の発電コストは5〜6円／kWhと言われてきたが、このように事故は起こり得ると考えるとさらに7円上がり、約12〜13円／kWhということになる。この数字を見れば、原発の発電コストが低いとはとてもいえない。

原発の是非を考える上では、安全（実はウソだった）で安いと言われてきた原発が実は危険で高コストであることを認めなければならない。そして、それでも原子力発電を使い続けるのかどうか、国民一人ひとりが考えなければならない。

代替エネルギーは可能性があるか

今後さらに増大が見込まれる電力需要をすべて化石燃料と再生可能エネルギーで賄うことができるのであろうか。現在の技術力では日本がこれまで原子力発電で賄ってきた電力需要すべてを再生可能エネルギーで補うことはできない。

だとすれば、その代替エネルギーとして、化石燃料による発電量を増やすしかない。日本は燃料のほとんどを輸入しているが、今後さらにそのコストが増えるとしたら、発電コストが上がって電気料金が上

昇するだけでなく、エネルギー源を外国に頼る脆弱さが様々な形で顕在化すると考えられる。

　また、化石燃料による発電効率がいくら上がったとしても、これを増やせば、二酸化炭素排出量も増える。これまで非常に問題視されてきた二酸化炭素排出量の問題は事故後あまり耳にすることはなくなった。地球環境問題はどこへいってしまったのだろうか。

　原発停止後も電気は何とかなっているのではないかと考える人たちがいるが、これは緊急対策として老朽化した火力発電設備を無理やり動かしてかろうじて補っているのである。

　現在我が国では、ドイツでの脱原発・自然エネルギーへの転換を喧伝する向きもあるが、ドイツで話を聞くと、日本で考えているのとはかなり異なったことが見えてくる。

　まず気付くのは、冷戦期に東西対立の前線にあった地域であるということである。核戦争への恐怖だけでなく、旧ソ連製の原子力発電所に隣接し、1987年のチェルノブイリ事故の記憶を強く持ち続けている。チェルノブイリ事故では旧ソ連国内だけでなく周辺国にもホットスポットになった場所があり、酪農、キノコやベリーの採集で放射性物質を恐れる事態がいまだに続いている。このような背景の下で福島第一原発事故後に、2020年までに現在9基ある原発の全廃を決め、その分を風力と太陽光などによる自然エネルギーで代替しようとしている。しかし、解決すべき問題も山積している。

　たとえば、風力発電はドイツ北部で主に取り入れられているが、冬場の過剰電力の捨て場がなく、電力網によって強制的に受電させられる近隣諸国との対立が生じている。また、ドイツ南部で主に採用されている太陽光発電は、高緯度という立地条件からそれほどの高効率を望むことができず、発電コストの上昇による電気料金の上昇に反発する向きも多いという。このような問題を抱えながらも再生可能エネルギーへの転換を進める方向は現段階では変わらないと考えられる。

脱原発を推し進めるドイツの例を、理想的と単純に考えて礼賛するのではなく、上述したような問題点も含めた現状を正確に把握した上で、日本で現実に正対して議論を進めなければならない。

原子力とどう付き合うか
　今回の事故は原子力発電の歴史の中でも最大の失敗の一つである。しかし原子力そのものは、悪でもないが救世主でもない。危険なものであることを知り、正しく畏怖して付き合うべきものである。再稼働か、廃止かを考える上では、その時々の風潮に流されることなく、上述したようなことを十分考慮に入れた上で、十分議論を尽くさなければならない。
　一方、原発を停止するにせよ、再稼働するにせよ、原発に関する知見を常に最新のものに更新し、原発の技術を生きている状態に保たなければならない。
　その理由は、一つには福島原発事故の後処理を行わなければならないからである。もう一つには、発電を行わなくなったとしても全国の原発の使用済み核燃料の処理の問題が残るからである。さらに、新興国や発展途上国では原子力発電の導入が盛んで、もし日本で原発を廃止したとしても、他国での利用が続くときに、原発を積極的に輸出産業とするかどうかは別にしても、日本が技術を持たないでよいのかという問題があるからである。そして、上述したように、いま原発を再稼働しないという判断がなされたとしても、数十年後に原子力発電が再び必要とされることもあり得るからである。

再稼働なら
　停止中の原子力発電所の再稼働については、安全性を確認するストレステストの結果、問題がなければ運転再開を検討するという形で動いている。しかし、このような形での運転再開には問題がある。考え

漏れや気づかぬ点が必ず残っているからである。基本的な考え方をこれまでと変えることなく、対象物を変えたりチェックを厳格にしたりするだけでは考え漏れに気づくことはできない。

　福島原発事故が起こるまでは、原子力発電事業では効率よく安定的に発電できるようにするために、様々な基準や規則等を設けて事故を防止し、原子力発電をより安全なものにすることを目指してきた。しかし、津波という考えから漏れた要因に端を発し、事故は起こった。

　原子力発電を効率よくしかも安全に行うために、考え落としがないように綿密に考え、準備をしておこうとする順方向の考え方だけでは限界があることを今回の事故が教えてくれた。

　事故は起こるものとして、どのようなことが起こるのか、その被害を最小にするにはどうすればよいのか、と考えることが、事業者や規制機関、政府や関係自治体、また国民にも必要であることを肝に銘ずるべきである。

　そのためには、事故が起こらないようにすることだけを考える"防災"という考え方だけでは不十分で、事故が起こることを前提として"減災"を考えなければならないのである。

再稼働に欠かせない減災策

　再稼働に当たっては、減災策、言い換えれば被害拡大防止策として、今回の事故の際の避難と同規模の避難訓練を実際に行うことが不可欠である。

　今回の事故では避難が円滑に行われなかった。たとえば、第3章で述べたように、双葉町にある双葉病院では、移動困難な患者を十分な計画もなく避難させたために、多くの患者が避難途中や避難直後に亡くなるという悲惨な事態を招いた。避難の問題を考えるとき、避難計画や避難場所を準備するだけでなく、実際に近い形で地域住民全員が参加して避難訓練を行うことが非常に重要である。訓練は、原発周辺

の住民に訓練での動きを学んでもらうためだけでなく、実際にやってみることによって、たとえば避難に伴う交通渋滞と、それに対応するための道路計画の不備など、考え落としに気づくためにも非常に有効である。

　また、現在除染で取り除いた土砂等の保管施設の問題がなかなか解決されず、除染が思うように進んでいない。先に述べたように、放射性物質は消すことができず、時間が経過して放射能がなくなるのを待つしかないのである。それをどこかに移動させようとすれば、必ず移動先で反対運動が起きて、計画が立たない。だから放射性物質はその場に埋めるなどの処理方法しかない。

　再稼働に際しては、事故は起こるものとして、事故が起こった後に汚染物質をどのように処理するのかについてあらかじめ計画を策定し、それを住民に周知し、理解を得ておくことが必須である。

　ここで例示した大規模の避難訓練と汚染物質の保管計画策定は再稼働に不可欠であることを今回の事故は教えている。

　現在も避難を余儀なくされた16万人もの人々の多くが先行きの見えない不安を訴えている。このようなことからも、避難だけでなく、元の生活の場に戻って元通りに生活できるようになるまでの長期間の計画があらかじめ考えられている必要がある。

5　国民一人ひとりが考えなければならないこと

　原子力発電を再稼働するか、廃止するかを考えるに当たっては、日本の将来の全体像を考えた上で十分議論すべきである。また、原子力に限らず危険なものを危険なものとして議論できる文化の醸成が必要である。そのような議論を通じて、利便と負担の新しいバランス点を見つけださなければならない。

　その際大事なのは、人任せにしないことである。国民一人ひとりが

日本の将来の全体像を考え、議論を尽くさなければならない。危険なものではあるが、十分な電力を得るために原子力は必要であるという判断をすることもその選択肢の一つである。また、先に述べたように日本が産業競争力を失う状態を加速し、エネルギーや食糧の逼迫することを覚悟して原子力発電を廃止するというのもまたその一つである。

　いずれにせよ、国民一人ひとりが自分の問題としてそのための判断を行うことが求められている。

おわりに

　政府事故調の「最終報告」の公表は2012年7月23日となったが、その最終版が完成したのは7月初めのことだった。したがって、政府事故調の実質的な活動期間は、11年6月初めから12年6月末までの13ヵ月間であった。原発問題は、単に安全という領域だけでなく、エネルギー供給システムを含め社会全体に極めて大きな影響を与えることから、その事故調査は、第一に報告書公表までのスピード、第二に報告書の内容の水準の高さ、の2つの要件を満たすことが求められる。米国のスリーマイル島原発事故調査のためにカーター大統領の下に設置されたいわゆるケメニー委員会は、発足から6ヵ月で報告書を提出している。政府事故調も、当初から1年程度を目途に報告書を作り上げることを念頭に活動を進めた。

　できあがった報告書は、本文だけでも「中間報告」が約45万1800字、「最終報告」が18万2700字、両方で63万字を超える膨大な分量のものとなった。内容的にも、福島原発事故に関わる基本的な事実関係の解明を行ったという点で、一応の合格点をいただけるのではないかと考える。

　しかし、これだけの分量のものを短期間で作成したことで、形式的にも内容的にも限界があることも確かである。形式面でいえば、文章の推敲が十分ではなく、表現がこなれていない箇所が数多くあり、索引もつけられていない。そのため、こうした報告書を世に出した者の一人としての責任を棚上げして言えば、読者にとってよほど腰を据えて取り掛からなければ、全部を読み終えることが難しい報告書となってしまったように思う。

　政府事故調にかかわった筆者ら3人が、本書を執筆しようと思い立ったのは、まさにこの点にある。すなわち、2つの報告書の核心部分を、できるだけ多くの人に読んでもらえるよう、簡潔にまとめ直した

いと考えたからである。

　本書は、基本的に2つの報告書に依拠して書かれている。ただし、随所に著者らの個人的見解も盛り込まれている。また、政府事故調の報告書では、政府の公文書であるという性格から断定を避けた部分や評価を差し控えた部分も多いが、本書ではそうした部分についても筆者らの個人的知見にもとづき評価を行っている。そういう点で、本書は政府事故調報告書の完全なダイジェスト版ではない。本書に内容上のあるいは評価上の誤りがあるとすれば、その最終的な責任は筆者ら3人にある。

　前述したように、政府事故調の報告書は内容的にも限界がある。放射線量が強いことから原子炉建屋内に立ち入った現地調査ができなかったことで、福島第一原発の主要施設の損傷が生じた箇所や程度、炉心損傷の状態、水素や放射性物質の漏出経緯などが解明できていない。住民等の健康への影響、農畜水産物等や空気・土壌・水等の汚染問題、地方自治体の緊急時対応の問題点についても、2012年5月時点までの調査・検証にとどめざるを得なかった。また、原子力技術の来歴や、我が国の原子力政策の変遷にかかわる問題点についても調べられていない。さらに、政府事故調発足当初、学会・大学・研究機関などアカデミーが果たした功罪や原子力プラントメーカーの役割などについても調査の対象とすべきとの議論もあったが、これらの問題も時間的制約のために検証されていない。

　換言すれば、政府事故調の報告書は、①3月11日からおよそ1ヵ月間程度の間に福島第一原発のサイト内で起こった事態や東京電力の緊急事態対処、②サイト外における住民避難の実態を含めた被害拡大の状況、③政府の緊急事態対応の状況と問題点、④1990年代以降の政府の原子力安全規制の問題点に関して、今後行われるべき全容解明のベースとなる基礎的事実を丹念に拾い上げたものでしかない。したがって、国や東京電力、さらに関連学会など関係組織は、福島原発事故に

関係する未解明の問題について、それぞれの立場で包括的かつ徹底した調査を継続すべきである。特に国は、政府事故調や国会事故調の活動が終わったことをもって、福島原発災害に関する調査・検証を終えたとするのでなく、引き続きその原因究明に主導的に取り組むべきである。それは国際社会に対して果たすべき責任でもある。

　第4章で述べたように、政府事故調は、2012年2月24、25日の両日、「中間報告」の国際的なピアレビューを受けるために、東京で海外の専門家を招いた「国際専門家招へい会議」を開催した。この会議において、強く筆者の印象に残った海外の専門家の指摘が2つあった。1つは、第4章で触れた、作業員に線量計を装着させずに作業に従事させていた問題である。もう1つは、フランス原子力安全委員会委員長のアンドレ・クロード・ラコスト氏の「自分は、次に大きな原子力事故が起きるとすれば日本においてだろうと思っていた」との発言である。会議の合間にラコスト氏にその根拠は何かと質問したところ、日本の安全規制が世界標準から大きく立ち遅れていたことを懸念し、このような発言につながったとのことであった。この指摘は重く受け止めなければならない。新たに発足した原子力規制委員会の最も重要な任務は、我が国の安全規制のレベルを、速やかに国際的な標準にまで引き上げることであろう。

　本書を刊行することができたのは、多くの人たちのご協力があってのことである。まず、政府事故調においてともに調査・検証作業に携わって委員の皆さん、なかでも放射線防護がご専門の柿沼志津子さん、福島県川俣町・町長の古川道郎さん、ノンフィクション作家の柳田邦男さん、そして精力的に基礎調査に取り組み報告書の作成に大きく貢献してくれた小川新二さんら約30人の事務局スタッフの皆さんに感謝の意を表したい。

　同じく政府事故調の越塚誠一・東京大学教授をはじめとする事務局専門家（政策・技術調査参事）の皆さん、また、筆者の勤務する関西大

学社会安全学部の河田惠昭教授や小澤守教授など防災、地震、津波、熱工学、リスクコミュニケーションを専門とする同僚教授にも専門上のご教示をいただいた。さらに、畑村創造工学研究所のスタッフの皆さんにも作図などの実務作業で大変なご尽力をいただいた。記して感謝の一端とさせていただきたい。

　最後になったが、講談社現代新書出版部長の田中浩史さんにも大変お世話になった。田中さんには単に編集・出版作業でお世話になっただけでなく、本書執筆のための勉強会に毎回出席いただき、エディターの視点から的確なアドバイスを頂戴した。改めて御礼申し上げたい。

2013年3月11日──東日本大震災発災から丸2年を迎えた日に
　　　　　　　　　　　　　　　　　　　　　　　　安部誠治

参考文献・資料

各事故調報告書

- 国会・東京電力福島原子力発電所事故調査委員会、報告書、2012年
- 政府・東京電力福島原子力発電所における事故調査・検証委員会、中間報告、2011年
- 政府・東京電力福島原子力発電所における事故調査・検証委員会、最終報告、2012年
- 東京電力株式会社、福島原子力事故調査報告書、2012年
- 福島原発事故独立検証委員会、調査・検証報告書、ディスカヴァー・トゥエンティワン、2012年

文献

- 浅間山麓埋没村落総合調査会、東京新聞編集局特別報道部共編『嬬恋・日本のポンペイ』東京新聞出版局、1980年
- 榎本聰明『原子力発電がよくわかる本』オーム社、2009年
- 大前研一『原発再稼働最後の条件・「福島第一」事故検証プロジェクト最終報告書』小学館、2012年
- 北澤宏一『日本は再生可能エネルギー大国になりうるか』ディスカヴァー・トゥエンティワン、2012年
- 中川恵一『放射線医が語る被ばくと発がんの真実』ベスト新書、2012年
- 二見常夫『原子力発電所の事故・トラブル —— 分析と教訓』丸善、2012年
- 復興庁「東日本大震災における震災関連死の死者数」2012年11月2日報道発表資料
- ロシア政府報告書「チェルノブイリ事故25年 ロシアにおけるその影響と後遺症の克服についての総括および展望1986～2011」2011年
- 「土壌─植物系における放射性セシウムの挙動とその変動要因」独立行政法人農業環境技術研究所研報31、2012年

映像

- NHK「NHKスペシャル 原発危機・事故はなぜ深刻化したのか」2011年
- NHK「ETV特集 アメリカから見た福島原発事故」2011年
- NHK「NHKスペシャル メルトダウン～福島第一原発 あのとき何が～」2011年
- NHK「ドキュメンタリーWAVE 世界から見た福島原発事故」2012年
- NHK「NHKスペシャル メルトダウン・連鎖の真相」2012年

福島原発事故はなぜ起こったか——政府事故調核心解説

2013年4月20日　第1刷発行

著　者——畑村洋太郎×安部誠治×淵上正朗
©Yotaro Hatamura, Seiji Abe, Masao Fuchigami 2013 Printed in Japan
装　丁——倉田明典

発行者——鈴木　哲
発行所——株式会社講談社
東京都文京区音羽2-12-21　郵便番号112-8001
☎ 03-5395-3521（出版部）
　 03-5395-3622（販売部）
　 03-5395-3615（業務部）

印刷所——慶昌堂印刷株式会社
製本所——株式会社大進堂

●落丁本・乱丁本は、購入書店名を明記のうえ、小社業務部宛にお送りください。送料小社負担にてお取り替えいたします。なお、この本についてのお問い合わせは現代新書出版部宛にお願いいたします。
本書のコピー、スキャン、デジタル化などの無断複製は著作権法上での例外を除き禁じられています。本書を代行業者などの第三者に依頼してスキャンやデジタル化することはたとえ個人や家庭内の利用でも著作権法違反です。Ⓡ〈日本複製権センター委託出版物〉
定価はカバーに表示してあります。

ISBN978-4-06-218297-3
N.D.C. 539　207p　20cm